非洲猪瘟综合防控技术系列丛书

非洲猪瘟
实验室诊断技术手册

中国动物疫病预防控制中心 编

中国农业出版社
北 京

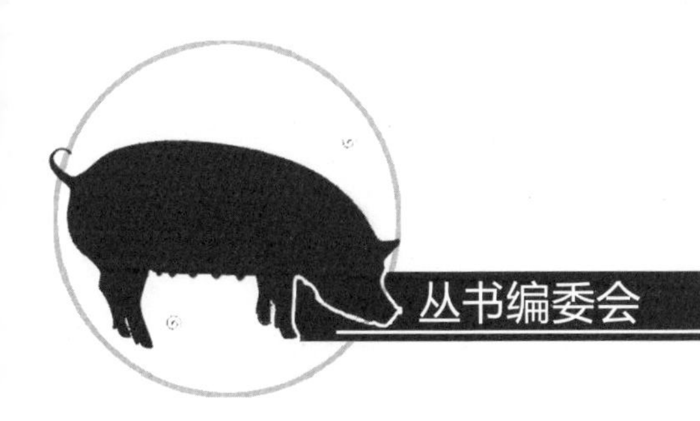

丛书编委会

本书编委会

主　　编　王传彬　倪建强

副 主 编　宋晓晖　顾小雪　杨龙波　魏　巍

编　　者（以姓氏笔画为序）

马　英　王睿男　亢文华　毕一鸣
刘　洋　刘玉良　刘颖昳　孙　雨
李　硕　李　婷　李晓霞　汪葆玥
张　硕　周　智　赵柏林　胡冬梅
原　霖　徐　琦　董　浩　蒋　菲
韩　焘

总　序

2018年8月，辽宁省报告我国首例非洲猪瘟疫情，随后各地相继发生，对我国养猪业构成了严重威胁。调查显示，餐厨剩余物（泔水）喂猪、人员和车辆等机械带毒、生猪及其产品跨区域调运是造成我国非洲猪瘟传播的主要方式。从其根本性原因上看，在于从生猪养殖到屠宰全链条的生物安全防护意识淡薄、水平不高、措施欠缺，为此，中国动物疫病预防控制中心在实施“非洲猪瘟综合防控技术集成与示范”项目时，积极探索、深入研究、科学分析各个关键风险点，从规范生猪养殖场生物安全体系建设、屠宰厂（场）生产活动、运输车辆清洗消毒，以及疫情处置等多个方面入手，组织相关专家编写了“非洲猪瘟综合防控技术系列丛书”，并配有大量插图，旨在为广大基层动物防疫工作者和生猪生产、屠宰等从业人员提供参考和指导。由于编者水平有限，加之时间仓促，书中难免有不足和疏漏之处，恳请读者批评指正。

编委会

2019年9月于北京

前　言

2018年8月，我国首次发生非洲猪瘟。之后该病迅速蔓延，截至2019年12月，除澳门、台湾外，我国所有32个省级行政区均已发生过非洲猪瘟疫情，全国范围内累计扑杀生猪超过100万头，直接和间接损失巨大。同时，非洲猪瘟在亚洲也持续蔓延扩散，在蒙古、越南、柬埔寨、朝鲜、老挝、缅甸、菲律宾、韩国和东帝汶等多个国家相继暴发疫情，非洲猪瘟防控面临严峻的国际形势。

目前，世界范围内尚未研制成功安全有效的非洲猪瘟疫苗，其防控主要依赖于及时、准确的诊断、消毒灭源和严格的生物安全控制措施。非洲猪瘟感染后生猪表现与猪瘟、高致病性猪繁殖与呼吸综合征等疫病相似，确诊需要经过实验室诊断。非洲猪瘟的实验室诊断技术包括病原学检测技术和抗体检测技术，其中抗体检测技术因感染生猪抗体阳转滞后，且发病猪感染后常呈急性死亡，死亡时间早于抗体阳转时间，影响检测结果的准确性。因此，目前非洲猪瘟的实验室诊断技术以病原学诊断技术为主。

非洲猪瘟的病原学检测技术主要包括病毒分离鉴定、荧光PCR、核酸等温扩增和试纸条等。这些方法中，荧光PCR因其敏感性高、特异性强且自动化程度高，被OIE和FAO相继推荐用于非洲猪瘟的检测，也被广泛应用于我国ASF的诊断。同时，免提取荧光PCR、微芯片荧光PCR等多种新型荧光PCR技术的出现，缩短了检测用时，简化了检测步骤，使荧光PCR成为适合于屠宰场、养殖场和流通环节非洲猪瘟检测的技术，为疫情处置争取了时间。此外，核酸等温扩增技术，因无需特殊的仪器设备，操作简便，且敏感性高，在基层兽医防控部门也获得了广泛的应用。最后，基于单克隆抗体的试纸条检测技术，只需简单地处理样品，即可通过肉眼观察检测结果，是现场诊断中最简易的方法，其不足的是敏感性较低。

在病原学检测之外，因非洲猪瘟尚无商业化疫苗的使用，抗体检测阳性可为病毒感染提供直接证据，也被OIE推荐应用于国际贸易中非洲猪瘟的感染检测。非洲猪瘟抗体检测技术主要包括间接ELISA、阻断ELISA、间接免疫荧光等技术。其中ELISA技术因其简便、成本低，适合于大规模样品的筛选检测，使用最为广泛。值得一提的是，随着非洲猪瘟的持续流行，感染耐过猪、潜伏感染猪的存在会影响病原学检测结果的准确性，成为潜在的病毒传染源。加之，非洲猪瘟病毒感染后病毒血症持续时间较短，仅为1个月左右，而抗体持续时间可长达6个月以上，感染后期抗体检测效率明显好于病原学检测。为此，FAO在《ASF诊断手册》中明确推荐，在生猪引种、疫病净化根除中，可选择抗体检测技术应用于非洲猪瘟的诊断。

总之，快速、准确、敏感和特异的ASFV检测技术，不仅是阻止病毒扩散、实现ASF有效防控的重要基础，也是逐步净化最终根除ASF的必要条件，本手册将对这些常用的检测技术具体的操作过程、适用性以及结果判定等分别进行描述，以期指导ASF的实验室诊断，为防控作出贡献。

由于非洲猪瘟诊断技术发展迅速，新的检测方法不断出现，本手册所载内容难免有疏漏，敬请读者指正。

目　录

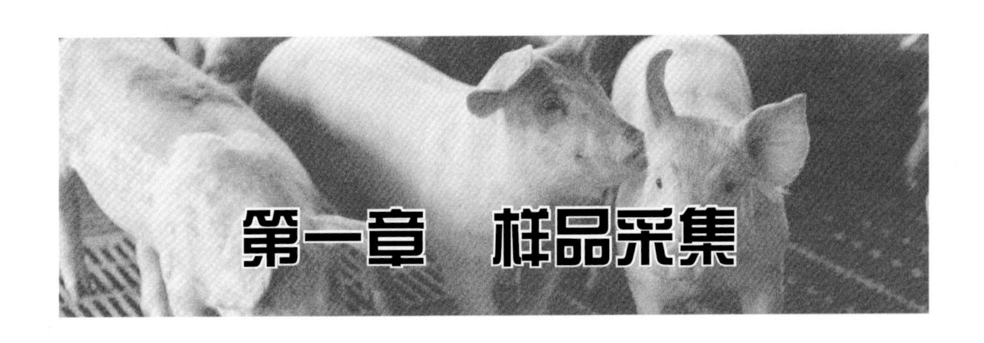

样品采集是非洲猪瘟（African swine fever，ASF）检测的重要环节。在采集样品之前，首先需要明确采样目的：在疫病诊断时，需在病初的发热期或症状典型时采集样品，样品包括发病猪的血液样品和组织样品（脾脏、扁桃体和淋巴结等）；进行流行病学调查、疫情监测、疫病净化和疫病根除时，采集样品包括血液、组织、唾液和环境样品等。同时，样品采集还与检测方法密切相关：用于病毒分离的样品，要采集新鲜的组织或者血液样品；用于抗原检测的样品，应采集发病期血液、脾脏等病毒滴度较高的样品。最后，样品的运输和保存方式需要符合生物安全要求，还要保证样品的质量，以免影响检测结果的准确性。

1 基本要求

非洲猪瘟病毒（African swine fever virus，ASFV）感染后各种组织、血液和分泌物中都含有高滴度的病毒粒子，操作不慎极易造成环境污染。ASF样品采集和运输应遵循《病原微生物实验室生物安全管理条例》的相关规定，由接受过相关技能培训的人员完成。全过程一是要切实保障人员安全，二是保证样品质量，三是防止ASFV扩散。采样量应满足检测的需要，同时应留有复检和留样的余量。

2　样品采集

2.1　样品信息记录

在采样的同时，应填写采样单（表1-1），采样单应详细记载样品的来源、种类、数量等相关信息，以期为检测提供必要的帮助。如样品需要送其他实验室确诊或者需要留样，需要重复制样，一式两份。

2.2　样品类型

ASFV存在于感染猪的各种组织脏器中，并随唾液、眼泪、尿液、粪便和生殖道分泌物等排出体外。同时，ASFV抵抗力强，在外界环境和各种生物学介质中可长时间存活，一旦附着于各种媒介上，便可通过多种传播途径感染生猪，难以阻断。因此，ASFV监测时，样品采集要做到全覆盖、无死角，这是ASF防控的第一道防线。ASFV在样品中的存活情况和采样方法见表1-2。

2.3　样品采集方法

对于猪活体样品采集可首选采集全血，按需选取抗凝剂，采集唾液时可使用棉签；对于解剖猪体，可采集脾脏、淋巴结、肾脏、扁桃体等组织器官，选取病变和健康组织交界处；对于腐败动物尸体，可选择股骨，骨髓收集在实验室中进行；对于血细胞粉、火腿、肉制品等加工产品，以及饮嘴、饲槽、天花板等环境样品，应采集含有猪源组织或排泄物污染的位置采样，采样方法见表1-2。

表1-1　ASF采样单

<table>
<tr><td colspan="5">ASF采样单</td></tr>
<tr><td>联系人</td><td colspan="2"></td><td>联系电话</td><td></td></tr>
<tr><td>所属地</td><td colspan="4">省（自治区、直辖市）　　县（自治州、自治县、市）
乡（民族乡、镇）　　村</td></tr>
<tr><td>经度</td><td colspan="2"></td><td>纬度</td><td></td></tr>
<tr><td>采样来源</td><td colspan="2">□养殖场　□屠宰场　□市场
□流通环节　□食品加工厂家
□其他</td><td>样品种类</td><td>□全血　□血清
□环境样品　□蜱
□淋巴　□肉　□其他</td></tr>
<tr><td>动物种类</td><td colspan="2">□家猪　□野猪　□蜱
□其他</td><td>采样日期</td><td>年　月　日</td></tr>
<tr><td>与最近猪场的距离</td><td colspan="4">□<50m　□50～100m　□100～500m　□500～1 000m　□1 000～5 000m
□5 000～10 000m　□10 000～20 000m　□>20 000m</td></tr>
<tr><td>既往病史</td><td colspan="4">□无　　□有（具体时间：　年　月　日）</td></tr>
<tr><td colspan="5">流行病学背景：</td></tr>
<tr><td>样品名称</td><td></td><td></td><td></td><td></td></tr>
</table>

（续）

样品数量				
原始编号				
检测需求：				
备注：				

注：采样单一式两份，一份随样品送到实验室，一份留送检方备案。

表1-2　非洲猪瘟采集样品类型和病毒检出时间

样品类型	病毒存活和可检出时间	采样方法
脏器或组织	4 ℃或冷冻：猪肉84～155d；脾脏存活204d；皮肤和脂肪存活300d；内脏存活105d	采集脾脏、淋巴结、肝脏、扁桃体及其他实质脏器
带骨肉	180～188d	采集带骨肉中的骨髓
腐败尸体	长达数月	采集骨髓样品，也可采集关节内组织液
鼻拭子	感染后5～7d可检出	棉签深入鼻腔来回刮2～3次并旋转
唾液	感染后5～7d可检出	将棉签伸入口腔，蘸取唾液
饲料	可保持存活30d	从饲料袋首、尾、中部分别取样
泔水	无相关报道	优先采集泔水中的肉渣
粪便、尿液	4℃可存活8～15d，37℃可存活2～4d	直接采样
肛拭子	感染后5～7d可检出	将棉签插入肛门内来回刮2～3次并旋转
饲槽	与饲料相同	棉拭子用磷酸盐缓冲液（PBS）浸湿，然后在饲槽内、饲槽边缘擦拭，至少擦拭3个点位置

（续）

样品类型	病毒存活和可检出时间	采样方法
饮水	病毒存活12～14d，检出为21～35d	从蓄水池取样或者饮水嘴擦拭取样
墙壁等	2个月	在动物经常接触的部位，湿棉拭子擦拭5次
干腌肉制品	3～6个月	采集3个不同部位的样品
火腿肠	5个月	每批次火腿肠随机抽取3根
血液	360d，5～29d达到高峰期	采集抗凝血或血清
空气	4～70d	使用专业采样设施，如3μm孔径、80mm直径的明胶滤芯
土壤	存活112d	分别采集表层和1cm以下潮湿土壤
精液	可带毒	直接采集样品

2.4　采样器具

2.4.1　器械

鼻捻子或长柄抓猪钳、麻醉枪、解剖刀、剪刀、镊子、扁桃体采集器、干冰诱捕装置、注射器及针头等。

2.4.2　容器

真空采血管、离心管、自封袋、蜱盒、试管架、采样箱、保温箱等。

2.4.3　防护用品

防护帽、护目镜、口罩、防护服、一次性手套、胶靴等。

2.4.4　记录用品

标签、记号笔、采样单等。

2.4.5 其他

干冰、酒精棉、胶布、封口膜、手电筒、冰袋、吸水材料、垃圾袋等。

2.5 采样试剂

2.5.1 保存液

50%甘油生理盐水或50%甘油磷酸盐缓冲液（pH7.4）。

2.5.2 抗凝剂

1%肝素生理盐水溶液（1 000IU/mL）或4%乙二胺四乙酸（EDTA）生理盐水溶液。

2.5.3 固定液

10%福尔马林或100%乙醇。

2.5.4 消毒剂

10%苯酚或2%NaOH溶液等。

3 样品包装

根据样品的保存要求及检测目的，妥善安排运送，保障样品质量满足检测要求，并尽快送抵接收实验室。运输样品的包装要采取三重包装（图1-1），内包装为不透水、防泄漏的容器，密封保存；外包装应充分满足对于容器、重量及运输方式的要求，外表加以消毒，编号、登记后，贴上“生物危险”标识（图1-2）。

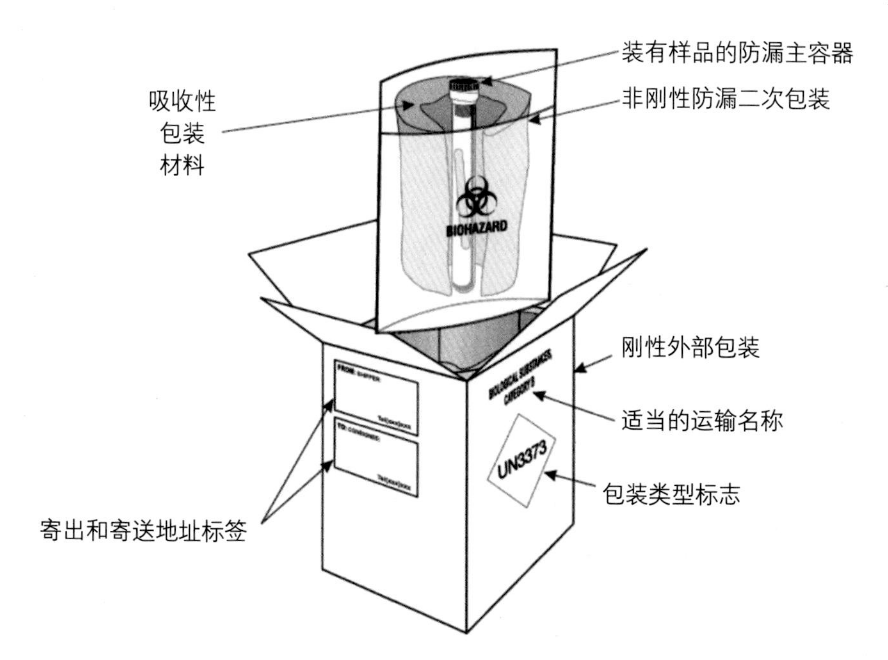

图1-1　感染物质三重包装系统的例子

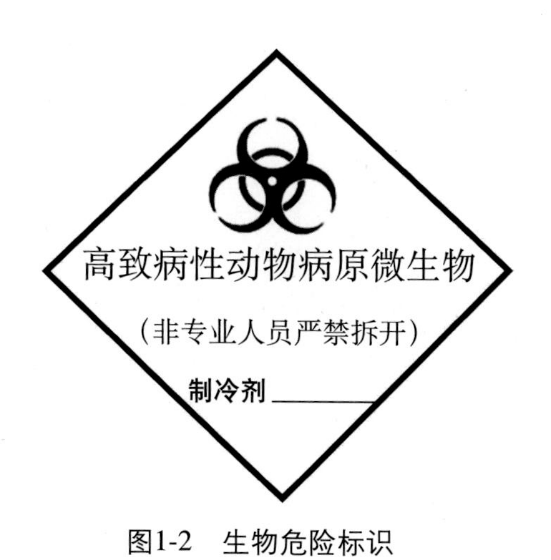

图1-2　生物危险标识

4 样品的运输和保存

样品的运输和保存过程既要符合生物安全的要求，又要保证样品的质量，应遵守冷冻保存、冷藏运输的原则。长期保存置于－70℃冰箱或液氮中，短期可置于－20℃冰箱，运输需要保持2～8℃的条件。不同样品的保存和运输条件参见表1-3。

表1-3 样品保存条件

样品名称		采集过程	运输及检测过程（短时间保存）	长期保存
血液	抗凝血	冷藏	冷藏	－70℃或－196℃
	血清	冷藏	冷藏	－70℃或－196℃
	干血滤纸片	常温	常温	—
	滤纸	冷藏或常温	冷藏或常温	冷藏或常温
组织	固定组织	常温	常温	常温
	组织触片	常温	常温	—
	新鲜组织	冷藏	冷藏或常温（灭菌的组织保存液中保存）	－70℃或－196℃
蜱	活体	15～22℃	15～22℃	15～22℃（血饲）
	固定	常温	常温	常温
	速冻	－70℃或－196℃	－70℃或－196℃	－70℃或－196℃

注：病理学检测的样品严禁－20℃保存。

5 参考文献

联合国粮食及农业组织（FAO），2018. 非洲猪瘟：发现与诊断. 中国动物疫病预防控制中心，译.

王功民，田克恭，2010. 非洲猪瘟. 北京：中国农业出版社.

（汪葆玥 周智 倪建强 胡冬梅）

第二章　病毒分离鉴定

非洲猪瘟病毒分离鉴定需要在动物安全三级实验室条件下进行，并且需要事先通过农业农村部高致病性动物病原微生物实验活动审批。同时，该试验需要由掌握相关专业知识和操作技能的工作人员进行操作，防止发生ASFV扩散。病毒分离是将临床感染样品接种于敏感的猪原代细胞和单核巨噬细胞进行病毒的增殖分离，病毒感染后会导致细胞病变（CPE），多数毒株还会产生红细胞吸附（HAD）现象，通过白细胞培养物加入红细胞后形成的“玫瑰花环”样凝血，可实现病毒的鉴定。而对于非红细胞吸附毒株，则需要通过ELISA、PCR等方法进行鉴定。

第一节　病毒分离

1　样品

采集家猪、野猪的血液样品、组织样品以及蜱。工作人员在采集过程中应当防止病原扩散，并对样本的来源、采集过程和处理方法等作详细记录。

2　器材和试剂

2.1　主要仪器设备

CO_2培养箱，恒温水浴箱，生物安全柜，低温离心机，倒置显微镜，4℃冰箱，低温冰柜。

2.2　试剂

2.2.1　缓冲液

pH7.4的0.01mol/L PBS缓冲液。

2.2.2　双抗

每毫升1 000IU青霉素和1mg链霉素混合液。

2.2.3　抗凝剂

2.2.3.1　阿氏液

葡萄糖2.05g，柠檬酸钠0.80g，柠檬酸0.05g，氯化钠0.42g，加蒸馏水至100mL，混合溶解后，115℃灭菌20min，4℃保存备用。

2.2.3.2　肝素钠溶液

通常使用浓度为每毫升血液中含15IU肝素钠，过滤后使用。

2.2.4　培养基

2.2.4.1　含4%胎牛血清的RPMI 1640培养液（用于PL、PBM和单核细胞）。

2.2.4.2　含2%胎牛血清的RPMI 1640培养液（用于PAM）。

2.3　器械与耗材

器械：灭菌剪刀、镊子、研钵、5mL注射器。

耗材：移液器、吸头、记号笔等。

3　细胞制备和培养

ASFV分离培养常用的原代细胞有猪白细胞（Swine Leukocyte，SL）、骨髓细胞（Porcine Bone Marrow cell，PBM）、肺泡巨噬细胞（Porcine Alveolar Macrophage, PAM）、外周血单个核细胞（Peripheral Blood Mononuclear cell，PBM）、猪肾细胞（Pig Kidney cell，PK）、鸡胚成纤维细胞（Chick Embryo Fibroblast，CEF）等，其中猪原代白细胞、骨髓细胞和肺泡巨噬细胞最易于ASFV的培养，接种这三种原代细胞是ASFV分离和检测最可靠的方法。

3.1　原代细胞的制备和培养

3.1.1　猪原代白细胞

3.1.1.1　材料

a.猪

4～8周龄健康猪，没有主要猪病的病原和抗体。

b.溶液配制

3.8%柠檬酸钠：3.8g柠檬酸钠溶于100mL超纯水中，0.22μm

滤膜过滤除菌，于4℃保存备用。

细胞洗涤液：无血清的RPMI 1640培养液（其中含青霉素200IU/mL、链霉素200μg/mL）。

细胞生长液：含10%同源猪血清的RPMI 1640培养液（其中含青霉素200IU/mL、链霉素200μg/mL）。

红细胞裂解液：将NH_4Cl 8g、$KHCO_3$ 1g、EDTA-Na_2 0.37g溶于100mL超纯水中，调节溶液pH到7.2 ～ 7.4，0.22μm滤膜过滤除菌，于4℃保存备用，在制备工作液时，将此储存液稀释10倍后使用。

c.耗材

采血材料：含2mL 3. 8%柠檬酸钠的20mL注射器。细胞制备材料：10mL吸管、弯吸管、灭菌50mL离心管、细胞培养瓶。

3.1.1.2　主要仪器设备

超净工作台、倒置显微镜、5% CO_2培养箱、低速离心机、水浴锅、MilliQ超纯水仪。

3.1.1.3　制备方法

同源猪血清的制备（配制细胞生长液用）：经前腔静脉采集需要量的新鲜猪血，斜面静置待析出血清后，3 500r/min离心20min，吸出血清，0.22μm过滤。

抗凝血的采集：用装有3.8%柠檬酸钠的注射器，经前腔静脉采集需要量的新鲜猪血，3.8%柠檬酸钠与猪血的比例为1 ∶ 9。轻轻颠倒摇匀，备用。

白细胞的制备：将抗凝血倒入50mL离心管中，1 500r/min离心30min，用弯吸管吸出棕黄色细胞层，即白细胞层。加入细胞洗涤液，吹吸混匀，1 500r/min离心10min, 将细胞洗涤一次。弃去上清液，加入红细胞裂解液（1mL细胞压积加入5 ～ 6mL裂解液），轻轻吹打均匀，37℃孵育5min。加入细胞洗涤液，1 500r/min离心10min，洗涤细胞两次。

培养：用细胞生长液将细胞重新悬浮并使细胞含量达10^7个/mL，置于细胞培养瓶中，37℃、5% CO_2培养箱中培养。24h后，在倒置显微镜下观察，即可看到长成单层的白细胞。

3.1.2 骨髓细胞

3.1.2.1 材料

a. 猪

3 ～ 6周龄健康猪，没有主要猪病的病原和抗体。

b. 所用溶液

生理盐水：称取NaCl 8.0g溶于超纯水，定容至2 000mL，121℃高压灭菌20min。

细胞洗涤液：无血清RPMI 1640 培养液(含青霉素200IU/mL、链霉素200μg/mL 、0.38%柠檬酸钠)。

细胞生长液：10%胎牛血清的RPMI 1640培养液（其中含青霉素200IU/mL、链霉素200μg/mL）。

红细胞裂解液：同猪原代白细胞所用红细胞裂解液。

c. 耗材

取骨用材料：灭菌的手术刀、剪刀、镊子、止血钳、烧杯。

收集骨髓细胞用材料：灭菌的白瓷盘、骨钳、镊子、止血钳、200目钢筛、10mL吸管、50mL离心管、灭菌平皿、1cm × 10cm的纱布条、细胞培养瓶。

d. 主要仪器设备

同猪原代白细胞制备需要的仪器设备。

3.1.2.2　制备方法

a. 取骨

用新配制的消毒液擦洗猪体表面，采取猪腋下动脉丛放血致死，取出股骨，在清除附着的肌肉及结缔组织前，用无菌生理盐水充分漂洗股骨表面，放入超净台内的白瓷盘中。

b. 骨髓细胞的收集

用灭菌手术刀、手术剪清除附着的肌肉及结缔组织，用骨钳去掉股骨两端，垂直悬于无菌平皿上方，用灭菌纱布条夹住股骨上端，从上端注入细胞洗涤液冲洗骨髓腔，收集细胞悬液，经200目钢筛过滤，1 200r/min离心5min，弃上清液。加红细胞裂解液（1mL 细胞压积加入6 ～ 10mL裂解液），轻轻吹打均匀，37℃ 温育5min。加入细胞洗涤液，1 200r/min离心5min，收集沉淀部分，用细胞洗涤液洗2次。

c. 培养

用细胞生长液重悬细胞，调整细胞浓度约为10^7个/mL，放置于细胞培养瓶中，37℃、5% CO_2培养箱中培养。24h后，在倒置显微镜下观察，即可看到长成单层的骨髓细胞。

3.1.3　猪肺泡巨噬细胞

3.1.3.1　材料

a. 猪：4 ～ 8周龄左右健康猪，没有主要猪病的病原和抗体。

b. 所用溶液

肺泡灌洗液：称取NaCl 8.0g、KCl 0.2g、KH_2PO_4 0.2g、$Na_2HPO_4 \cdot 12H_2O$ 2.9g，加900mL超纯水，37℃水浴溶解，定容至1 000mL，制成0.01mol/L，pH为7.4的PBS，121℃高压灭菌20min，备用。

细胞洗涤液：2%胎牛血清的RPMI 1640培养液（含青霉素200 IU/mL、链霉素200μg/mL）。

细胞生长液：10%胎牛血清的RPMI 1640培养液（其中含青霉素200IU/mL、链霉素200μg/mL）。

细胞冻存液：取细胞生长液9.0mL，加入分析纯二甲基亚砜（DMSO）1.0mL，混合均匀，备用。

c. 耗材

取肺用材料：灭菌的手术刀、剪刀、镊子、止血钳、烧杯、棉线，注射器。

灌肺用材料：灭菌的白瓷盘、剪刀、镊子、止血钳、100目钢筛、漏斗、10mL吸管、盐水瓶、50mL离心管、注射器、2cm × 10cm灭菌纱布条、细胞培养瓶、冻存管。

d. 主要仪器设备

同猪原代白细胞制备需要的仪器设备，液氮罐。

3.1.3.2　制备方法

a. 取肺

用新配制的消毒液擦洗猪体表面，采取猪腋下动脉丛放血致死，剖开胸腔，结扎气管后分离食管和血管等，连同心脏取出完整的肺脏，切勿划破被膜。用灭菌绳结扎心脏及所连接的血管，剪去心脏及所连接的血管，去除周围脂肪等组织。用无菌PBS充分漂洗肺表面，清除血块、污物，立即放入超净台内的白瓷盘中。

b. 灌肺

从气管往肺脏注入灭菌PBS 100mL，轻轻拍打肺表面，1 ~ 2min后用纱布条夹住气管，回收第一次灌洗液。同法重复灌洗3次，直到回收约1 000mL灌洗液。将回收的肺泡灌洗液用吸管轻轻吹打，打散细胞团及黏液块，用无菌100目钢筛过滤，收集全部滤过液，1 200r/min离心5min，弃上清液。用细胞洗涤液重悬细胞，体积减小一半，1 200/min离心5min，弃上清液。同法重复洗涤1次，体积再减小一半，用细胞洗涤液重悬细胞，计数、离心。

c. 培养

将需要量的细胞用生长液悬浮，细胞生长浓度为3×10^6个/mL，置于37℃、5% CO_2培养箱中培养。24h后，长成单层的肺泡巨噬细胞。

d. 冻存

用细胞冻存液悬浮剩余细胞，细胞冻存浓度为2×10^7个/mL，用细胞冻存管分装冻存于液氮中。

3.1.4　单核细胞

3.1.4.1　材料

a. 猪

4～8周龄健康猪，没有主要猪病的病原和抗体。

b. 所用溶液

3.8%柠檬酸钠：3.8g柠檬酸钠溶于100mL超纯水中，0.22 μm过滤除菌，于4℃保存备用。

细胞洗涤液：无血清的RPMI 1640培养液(含青霉素200IU/mL、链霉素200μg/mL)。

细胞生长液：10%胎牛血清的RPMI 1640培养液(含青霉素200IU/mL、链霉素200μg/mL)。

淋巴细胞分离液：商品化试剂。

c. 耗材

采血材料：含2mL 3.8%柠檬酸钠的20mL注射器。细胞制备材料：灭菌的10mL吸管、弯吸管、50mL离心管、细胞培养瓶。

d. 主要仪器设备

同猪原代白细胞制备需要的仪器设备。

3.1.4.2　制备方法

a. 抗凝血的采集

用装有3.8%柠檬酸钠的注射器，经猪前腔静脉采集需要的新鲜猪血，3.8%柠檬酸钠溶液与猪血的比例为1 ∶ 9。轻轻颠倒摇匀，备用。

b. 外周血单核细胞的收集

将抗凝血与无血清的RPMI 1640培养液按1 ∶ 1比例混合稀释，加入含有淋巴细胞分离液的离心管中。将离心管倾斜45°角，用弯吸管将稀释的全血在分层液上1cm处沿管壁缓慢加至分离液上面，应注意保持两者界面清晰。在18 ～ 20℃下，用水平离心机以2 000r/mim离心20min。离心后管内由上至下分别为血浆、单核细胞、淋巴细胞分离液、红细胞4个区带。吸取单核细胞层，移入另一离心管中，用无血清的RPMI 1640培养液洗细胞2 ～ 3次；第一次2 000r/min离心10min，第二、第三次1 500r/mim离心10min，可去掉大部分混杂的血小板。此时得到的细胞为外周血单核细胞，其中包括淋巴细胞和单核细胞。淋巴细胞占白细胞总数的20% ～ 30%，单核细胞占白细胞总数的3% ～ 8%，两者比例约为1 ∶ 9。

c. 培养

将离心收集后的外周血单核细胞用细胞生长液悬浮，调节细胞浓度为$5 \times 10^6 \sim 5 \times 10^7$个/mL。由于单核细胞具有黏附性，于37℃、5%$CO_2$培养箱内过夜培养后，吸取非黏附细胞，即可得到单核细胞。补充细胞生长液，继续培养，在倒置显微镜下观察，即可看到长成单层的单核细胞。

3.2　传代细胞的培养

3.2.1　材料

a. 细胞株

猪肾细胞（PK）、非洲绿猴肾细胞（AGMK）、幼仓鼠肾细胞（BHK）、猪睾丸细胞（ST）等细胞系的细胞株。

b. 所用溶液

细胞生长液：8%胎牛血清的DMEM培养液(含青霉素100IU/mL，链霉素100μg/mL)。

消化液：在200mL超纯水中依次加入NaCl 16.00g、KCl 0.80g、葡萄糖2.00g、$NaHCO_3$ 1.16g、EDTA 0.40g、胰蛋白酶1.00g，即为10×浓缩消化液。为使以上物质充分溶解，可置37℃水浴加温。0.1μm滤膜过滤除菌，分装后置－20℃保存。临用时由低温冰箱取出，用高压或是过滤的超纯水10倍稀释后，37℃水浴预热后使用。

细胞冻存液：取无血清DMEM培养液6.0mL，加入胎牛血清3.0mL、分析纯二甲基亚砜（DMSO）1. 0mL，混合均匀，备用。

c. 耗材

细胞培养瓶、冻存管。

d. 主要仪器设备

同原代细胞，液氮罐。

3.2.2 培养方法

3.2.2.1 复苏

a. 融化

将冻存的1mL细胞（存于2mL冻存管中）置于37℃水浴中迅速融化。

b. 离心

将融化后的细胞无菌吸出转入盛有10mL细胞生长液的离心管中，缓慢混匀后，800r/min离心5min。

c. 转瓶

弃掉上清液，加入5 ~ 6mL细胞生长液，轻轻将沉积的细胞块吹、吸打散，混匀后转至细胞瓶。

d. 培养

于37℃温箱培养，并逐日显微镜下观察。

3.2.2.2 传代

a. 消化

待细胞长满单层后，将原瓶培养液倒尽，根据不同细胞株用消化液将细胞洗1 ~ 3次，再加入适量消化液(以没过细胞面为准)，待细胞单层边缘裂开时即可将消化液倒掉，注意不要倒干净。

b. 分瓶

继续等待到细胞即将脱离瓶壁时，或镜下观察细胞呈圆形但仍贴壁时，稍振动培养瓶，细胞即呈细沙状脱落，此时马上加入适量细胞生长液，机械吹打将细胞打散。按比例分装至新培养瓶即可。

c. 培养

置37℃培养箱培养，并逐日观察。待细胞长满单层后冻存。

3.2.2.3　冻存

a. 消化

取形态良好、传代数少（1～2代）的细胞，按上述方法消化。

b. 离心

补充10mL营养液，将此细胞悬液以800r/min离心5min。

c. 分装

弃掉上清液，根据沉淀的量加入适量冻存液，并将细胞吹吸混匀，分装于冻存管中。

d. 冻存

将装好细胞液的冻存管做好标记，放入冻存管盒中，于液氮罐中冻存。

4　病毒接种和培养

4.1　材料

生长的单层细胞：白细胞（PL），骨髓细胞（PBM），猪肺泡巨噬细胞（PAM），单核细胞。

4.2　试剂

4.2.1　常规试剂

pH7.4的0.01mol/L PBS缓冲液；双抗悬液，即1 000IU青霉

素和1mg链霉素混合液。

4.2.2 抗凝剂

阿氏液：葡萄糖2.05g，柠檬酸钠0.80g，柠檬酸0.05g，氯化钠0.42g，加蒸馏水至100mL，混合溶化后，115℃灭菌20min，4℃保存备用。

肝素钠溶液：通常使用浓度为每毫升血液中含15 IU肝素钠，过滤后使用。

4.2.3 培养基

含4%胎牛血清的RPMI 1640培养液(用于PL、PBM和单核细胞)。

含2%胎牛血清的RPMI 1640培养液(用于PAM)。

4.3 器械和耗材

灭菌剪刀、镊子、研钵、5mL注射器、移液器、吸头、记号笔等。

4.4 主要仪器设备

CO_2培养箱，恒温水浴箱，生物安全柜，低温离心机，倒置显微镜，4℃冰箱，低温冰柜。

4.5 样品

抗凝血，组织，蜱。

4.6　操作方法

4.6.1　样品处理

4.6.1.1　抗凝血

先用注射器吸取0.5mL阿氏液，以1 ：4比例抽取全血2mL，轻轻混匀后备用。或者使用肝素钠作为抗凝剂，使其终浓度达到每毫升全血15IU。

4.6.1.2　组织样品

通常，采集猪淋巴结、肾脏、脾脏、肺脏等组织样品，剪碎、冻融后研磨，加入每毫升含1 000IU青霉素及1mg链霉素的抗生素培养基，制成20%组织悬液，反复冻融3次后，2 000r/min，离心20min，吸取上清液，用0.22μm微孔滤膜过滤除菌，－20℃保存备用。

4.6.1.3　蜱

单个蜱或是几个蜱混合后，同组织样品处理。另外，可无菌剪下蜱附肢远端部分，从附肢中流出的血淋巴直接用于培养。

4.6.2　加样

取出长成单层的细胞培养瓶，弃去培养液，用温育到37℃的pH7.4、0.01mol/L PBS缓冲液洗涤细胞两次，接种上述处理过的样品，37℃、5%CO_2培养箱吸附1h，期间每隔15min轻轻摇动培养瓶一次，以便样品液均分布在细胞单层上。

4.6.3　补液

依据所用细胞，补加相应的细胞维持培养液。

4.6.4 培养和观察

置于37℃、5%CO_2培养箱中培养，同时设立不接种细胞对照，每日观察细胞病变，连续培养5 ~ 7d。传三代后可用PCR、红细胞吸附试验、间接免疫荧光、免疫过氧化物酶试验等方法鉴定病毒。

5 病毒灭活

病毒培养物或者样品应连同试剂管/瓶一同放入60℃水浴中，放置30min灭活。

6 使用后器材处理程序

用完的组织匀浆器等器材应放入耐高压灭菌袋，缠上指示胶带，在拿出生物安全柜之前，需要用75%的乙醇溶液喷洒耐高压灭菌袋表面；再装入第二个耐高压灭菌袋中，缠上指示胶带，参照《实验室废弃物处理标准操作手册》进行高压处理。实验废弃物以及接触病毒的镊子、吸头、瓶塞、安瓿瓶和细胞瓶等应完全浸没在2%的氢氧化钠溶液中进行原位消毒后放入可高压的密封袋中进行高压处理；移液器用75%乙醇擦拭进行表面消毒，或擦拭后放入密封袋内进行高压处理。

7 注意事项

不同ASFV毒株可能有不同的生物学特性（HAD特性、毒力、蚀斑大小以及抗原性），这些生物学特性在原代细胞或传代细胞中长期传代后会发生改变，如失去毒力、致病性下降、失去HAD特性等，因此，在选择ASFV的培养细胞时，要考虑到不同毒株的组织嗜性和生长特性。

病毒分离是ASFV实验室诊断最敏感的方法，因为将临床样品接种易感动物或易感原代细胞进行病毒增殖，最符合病毒自然感染的状态，同时也可以获得病毒分离株，但是此方法费时费力，若病料中病毒含量低或病毒为低毒力毒株，可能需要盲传2～3代，不仅增加试验时间，还可能造成生物安全问题。

8　结果分析

培养24h后，每日于倒置显微镜下观察结果，白细胞形态为圆形、卵圆形及三角形等，有的白细胞见有伪足，胞浆内有明显颗粒，为细胞变性的表现。

在单核细胞中培养病毒，40×倒置显微镜下观察，单核细胞发生脱附作用，增大、变圆，逐渐形成葡萄样簇3～20个或更多细胞，最终裂解。高毒力或是中等毒力、Vero细胞适应毒、非血吸附的ASFV毒株，在单核细胞上都出现明显的CPE。强毒力ASFV Kirawira分离株，在接种后9h，在细胞质中可以显示空泡形成，15h后细胞变圆，出现严重的空泡。随着培养时间的延长，这些细胞将非常偶然地出现典型的产生场所（factory site，FS）和一些空的病毒衣壳。

9 参考文献

王功民，田克恭，2010. 非洲猪瘟. 北京：中国农业出版社.

（亢文华 原霖 董浩）

第二节 病毒鉴定

1 红细胞吸附试验

1.1 材料

1.1.1 长成单层的白细胞

1.1.2 1%猪红细胞

采集健康猪抗凝全血，轻轻推入离心管内，加入5倍体积的pH7.2的0.01mol/L的PBS缓冲液，洗涤红细胞，2 000r/mim离心10min；吸去上清液，再如上洗涤两次后，加入PBS至10mL，转入10mL离心管，2 000r/min离心10min，测定红细胞压积；根据红细胞压积，配制1%猪红细胞悬液，放置4℃冰箱备用。

1.1.3 耗材

移液器、吸头等。

1.1.4 主要仪器设备

生物安全柜、低倍显微镜、CO_2培养箱。

1.1.5 样品

处理后的病料样品。

1.2 操作方法

1.2.1 接种

按上一节介绍的方法接种处理后的病料样品于白细胞单层上，同时接种含有能吸附红细胞的病毒培养物作为阳性对照，必须设置未接种的阴性对照以监测可能出现的非特异性红细胞吸附。

1.2.2 培养

置于37℃、5%CO_2培养箱中培养。如果使用培养管培养，则接种感染病料3d后加入猪红细胞；如果使用96孔细胞培养板，则培养1d后加入猪红细胞。

1.2.3 加入1%猪红细胞

如果利用培养管培养，每管加0.2mL用缓冲盐水配制的新鲜的1%猪红细胞；如果使用的是96孔细胞培养板，则每孔加入0.02mL含有新鲜的1%猪红细胞的缓冲盐水。

1.2.4 培养与观察

每天用显微镜观察HAD现象，连续观察7 ～ 10d。

1.3 结果判定

1.3.1 试验成立条件

含有能吸附红细胞的病毒培养物的阳性对照出现HAD和细胞病变现象，对照培养物不出现HAD现象，表明试验成立。

1.3.2 结果判定

接种感染材料的白细胞培养物于2 ~ 5d出现HAD现象，之后白细胞出现病变，判定为阳性。如果出现细胞病变，但不出现HAD时，则可将该培养液接种于新的白细胞培养物中或更换培养液一次，另外，被检物含ASFV量低时不出现HAD反应。当被检病料病毒浓度低时，HAD反应发生较迟，一般需3 ~ 5d。

2 核酸检测

参照本手册相关章节操作和判定。

3 滴度测定

感染性ASFV的含量测定方法有4种。

3.1 HAD试验

在BC细胞、BM培养物、PAM或PBMC中进行，计算HAD_{50}/mL，传统Leighton试管滴定法需要大量的BC细胞，用细胞培养板做微量滴定试验仅需少量细胞且反应更快（3d 观察期），更有利于HAD的观察。

3.2 CPE观察

计算$TCID_{50}$/mL，在易感细胞上进行，CPE表现为细胞聚堆、圆缩、肿大、脱落，由于CPE与病毒增殖量和对细胞的适应程度有关，且其他猪源性病毒也可能产生CPE，故CPE在ASFV含量测定中有很多局限性。

3.3 蚀斑试验

计算 PFU/mL，ASFV细胞适应株在PK细胞、Vero细胞中均可以形成蚀斑，蚀斑试验比CPE敏感10倍，与HAD微量滴定试验敏感性相同。

3.4 免疫染色技术

所有接种PK-15、Vero细胞的毒株，可用免疫荧光在CPE出现前检测感染细胞，敏感性与HAD试验接近，检测Vero细胞适应株的蚀斑，尽管敏感性不如HAD，但适合快速滴定（传统蚀斑试验需要5 ～ 7d，免疫蚀斑试验仅需3d）。

4 参考文献

王功民，田克恭，2010. 非洲猪瘟. 北京：中国农业出版社.

（董浩　原霖　李晓霞）

第一节 非洲猪瘟核酸实时荧光PCR检测技术（OIE推荐方法）

针对非洲猪瘟病毒基因组保守区设计合成一对特异性引物和一条特异性荧光标记探针，通过反应液筛选和优化，组成非洲猪瘟病毒荧光PCR检测试剂盒，用于血液、血细胞粉、淋巴结、脾脏、扁桃体以及各种肉制品和环境样品中非洲猪瘟病毒核酸的检测。与常规PCR相比，它具有特异性更强、灵敏度高、重复性好、定量准确、全封闭反应能有效解决PCR污染问题且自动化程度高等特点。它被OIE及FAO推荐用于非洲猪瘟病毒核酸的检测，也是我国应用最广的非洲猪瘟病毒检测技术。荧光PCR等核酸检测技术检测的阳性样品可不含有感染性病毒粒子，因此适合于腐败样品（不能继续病毒分离和抗原检测）的检测。

1 样品处理和核酸提取

1.1 试验样品

抗凝血（含EDTA），血清、细胞培养液和组织匀浆，野猪采样时可用拭子。样品在运输过程中尽量保持低温，但不能冻结。样品送至实验室后如不能及时处理，则应在－70℃保存。如不能实现冷链运输，可将样品保存在甘油生理盐水中运输。

1.2 器材和试剂

依据核酸提取试剂盒的说明书准备。

1.3 样品前处理操作步骤（不同类型样品）

器官和组织样本应以1/10于PBS中制备匀浆，12 000*g*离心5min澄清悬液，从上清液中抽提DNA。如果器官匀浆看起来混浊和/或怀疑基因组DNA含量过多，可将上清以1/10稀释作为平行对照。

1.4 核酸提取

采取商品化核酸提取试剂盒提取，洗脱选用分子级水洗脱，洗脱的DNA立即使用或保存在－20℃以备后续使用。在核酸提取过程中，应加入阳性和阴性对照，以实现对核酸提取和检测全过程的监控。

提取的DNA立即使用，或者－20℃保存。

2　实时荧光PCR检测

2.1　实时荧光PCR方法1（King等，2003）

2.1.1　设备与材料

无核酸酶水或其他适合灭菌水，PCR反应混合液（2×）；50pmol/μL引物1，序列为5'-CTG-CTC-ATG-GTA-TCA-ATC-TTA-TCG-A-3'（正链）；50pmol/μL引物2，序列为5'-GAT-ACC-ACA-AGA-TC(AG)-GCC-GT-3'（负链）；5pmol/μL荧光标记水解探针，序列为5'-[6-羧基-荧光素（FAM）]-CCA-CGG-GAG-GAA-TAC-CAA-CCC-AGT-G-3'-[6-羧基-四甲基-罗丹明（TAMRA）]；热循环仪，终点荧光读数仪，离心机。

2.1.2　扩增试剂配制

在一个1.5mL离心管中按下述方法制备用于每个样品的PCR反应混合液。反应液可批量准备，比待检样品数量至少多1份。无核酸酶水或灭菌水（7.5μL）、(2×）PCR反应混合液（12.5μL）、50pmol引物1（1μL）、50pmol引物2（1μL）、5pmol荧光标记水解探针（1μL）。每个样品加22μL PCR反应混合液到光学反应板中。

2.1.3　加样

加入3μL提取DNA模板或空白提取对照，每个孔都小心盖上盖子。在合适的离心机中离心1min以混合每个孔的内容物。

2.1.4 反应程序

将所有试管放入实时PCR热循环仪（配备FAM荧光通道）中，并运行以下程序：50℃ 2min；95℃ 10min；95℃ 15s，58℃ 1min，40个循环。在每个循环结束时，在FAM通道中收集荧光。

2.1.5 结果判定

在所有扫描的扩增图中，每个PCR反应对应一个循环阈值(Ct)。阴性检测样品、未感染阴性对照或提取空白对照的Ct值应＞40.0。阳性检测样品和阳性对照的Ct值应＜40.0（强阳性样品的Ct值＜30.0）。

2.1.6 注意事项

如果没有专用的热循环仪，可用普通热循环仪。PCR产物分析可用终点荧光读数仪（反应体系中需要加入）或用1.5%琼脂糖凝胶电泳，产物大小为250bp。

使用其他商品化扩增试剂盒并对此程序略加调整可得到更多的PCR产物，但这些试剂盒在使用前应进行充分验证。

Fernández-Pinero等人修改了King的方法，建立可用于诊断的快速扩增方案，该方法见2.2。

2.2 实时荧光PCR方法2（Fernández-Pinero等，2013）

这种实时PCR方法在检测ASFV感染的早期和病毒血症水平很低的长期慢性感染的动物时灵敏度最高（Fernández-Pinero等，2013；Gallardo等，2015a）。

2.2.1　设备与材料

无核酸酶灭菌水，实时荧光PCR试剂盒；20 pmol / μL 引物ASF-VP72-F，序列为5'-CCC-AGG-RGA-TAA-AAT-GAC-TG-3'（正向引物）；20 pmol / μL 引物ASF-VP72-R，序列为5'-CAC-TRG-TTC-CCT-CCA-CCG-ATA-3'（反向引物）；10 pmol / μL FAM染料标记探针，序列为5'-[6-羧基-荧光素（FAM）]-TCC-TGG-CCR-ACC -AAG-TGC-TT-3' - [淬灭剂（BHQ）]；实时PCR热循环仪，离心机。

2.2.2　扩增试剂配制

PCR反应混合物包括无核酸酶或无菌蒸馏水（7μL），2×预混液（10μL），20 pmol / μL引物ASF-VP72-F（0.4μL），20 pmol / μL引物ASF-VP72-R（0.4μL），10 pmol /μL荧光标记水解探针（0.2μL）。将18 μL PCR反应混合物加入所需数量的0.2 mL荧光PCR管中。

2.2.3　加样

将提取的DNA模板2μL添加到每个PCR管中。阳性对照孔加入2μL ASFV阳性DNA。阴性对照孔加入2μL无核酸酶的无菌水。待检样品加入2μL提取的DNA模板。

2.2.4　反应程序

将所有试管放入实时PCR热循环仪（配备FAM荧光通道）中，并运行以下程序：95℃ 5min；95℃ 10s，60℃ 30s，45个循环。在每个循环结束时，在FAM通道中收集荧光。

2.2.5　结果判定

荧光测量值高于背景信号并达到可检测水平的点称为循环阈值（Ct值），这是由PCR设备软件自动确定的。这将视为样品的起始荧光点。Ct值<40时并有S形扩增曲线，判为阳性样品。有S形扩增曲线,Ct值≥38的样品判为可疑，应重复检测予以确认。荧光信号在背景荧光水平下且无Ct值，判为阴性样品。Ct值>40，血清学技术或流行病学信息表明存在ASFV感染的可能性的样品，应再次采集样品重复检测予以确认。

2.2.6 注意事项

引物中核苷酸代码R = A + G混合碱基位置。

3 参考文献

https://www.oie.int/fileadmin/Home/eng/Health_standards/tahm/3.08.01_ASF.pdf

（张硕　顾小雪　马英）

第二节　非洲猪瘟核酸实时荧光PCR检测技术 [（2019）新兽药证字11号方法]

本方法是针对非洲猪瘟病毒VP72基因设计合成一对特异性引物和一条特异性荧光标记探针，组成的非洲猪瘟病毒荧光PCR检测试剂盒，用于猪脾脏、淋巴结、血液等组织和血粉以及细胞培养物中的非洲猪瘟病毒核酸的检测。

1　目的

用于非洲猪瘟病毒核酸检测。

2　适用范围

本手册适用于猪脾脏、淋巴结、血液等组织和血粉中非洲猪瘟病毒核酸检测。

本手册适用于病毒分离物如细胞培养物中ASFV核酸的检测。

3　非洲猪瘟样品处理和核酸提取

3.1　样品类型

猪脾脏、淋巴结、血液等组织材料、血粉或细胞培养物等。

3.2　试验器材和试剂

3.2.1　器材

分析天平（感量0.1mg）、高速台式冷冻离心机（最高离心速度不低于12 000 r/min）、冰盒、组织研磨器、－20℃冰箱、可调移液器（1 000 μL、200μL、10μL）及配套枪头、1.5 mL离心管（无核酸酶）、荧光PCR检测仪及配套反应管（板）、振荡器、组织匀浆器、冰箱（2～8℃和－20℃）。

3.2.2 试剂

选取商品化的病毒DNA提取试剂盒并参照说明书进行DNA提取。

3.2.3 其他试剂

消毒液、无菌无核酸酶水、0.01mol/L PBS（pH7.2）等。消毒液及0.01mol/L PBS配制见附录A。

3.3 样品处理

3.3.1 实验室生物安全管理

非洲猪瘟病毒荧光PCR检测应在动物安全2级以上实验室完成。

3.3.2 样品处理程序

在二级生物安全柜中处理样品。取0.1 ~ 0.2g组织或血粉，加1mL的0.01mol/L PBS（pH7.2）研磨破碎后制成匀浆，经10 000 r/min离心取上清；全血、血清样品直接取1mL，置于1.5 mL离心管内盖紧管帽。

3.3.3 样品存放

新鲜采集或处理好的样品在2 ~ 8℃条件下保存应不超过24 h；如需长期保存，应放置于－70℃冰箱，但应避免反复冻融（冻融不超过3次）。

3.3.4 病毒灭活

病毒的灭活处理应在二级生物安全柜中进行，将处理好的全血或者研磨破碎后的组织样品连同EP管放入60℃水浴中，放置30min灭活。

3.3.5　核酸提取程序

DNA提取应在样本制备区内采用以下方法进行，若使用其他等效的病毒DNA提取试剂，则按照试剂说明书操作。

3.3.5.1　病毒DNA柱式提取试剂的制备与检验

包括提取液Buffer A、提取液Buffer B、洗脱液Buffer C及DNase-Free 吸附柱和收集管。

3.3.5.2　病毒DNA柱式提取试剂的制备

a. Buffer A的制备

称取异硫氰酸胍567.12g，十二烷基肌氨酸钠6.34g，乙酸钠21.48g，冰乙酸45.78mL，β-巯基乙醇：9.12mL，加双蒸水至800mL，定容至1 000mL。过滤除菌后，无菌定量分装，加贴标签。

b. Buffer B的制备

1mol/L Tris-HCl（pH 8.0）配制：称取Tris6.06g，加双蒸水至40mL，用浓HCl溶液调pH至8.0，定容至50mL。

0.5 mol/L EDTA（pH 8.0）配制：称取EDTA 9.31g，加双蒸水至35mL，剧烈搅拌，用NaOH溶液调pH至8.0，定容至50mL。

TE缓冲液制备：取1mol/L Tris-HCl（pH 8.0）10mL，0.5mol/L EDTA（pH 8.0）2mL，用DEPC处理水定容至1 000mL。

取TE缓冲液 600mL，无水乙醇 1 400mL，混匀过滤除菌后，无菌定量分装，加贴标签。

c. Buffer C（DEPC处理水）的制备

量取1mL的DEPC，加入至1L的双蒸水使其终浓度为0.1%，室温搅拌处理12h，高压（121℃）蒸汽灭菌15min，冷却后进行无菌分装，加贴标签。

d. DNase-Free 吸附柱和收集管的来源

用于DNA提取的吸附柱和收集管购自上海生工生物工程有限公司。

3.3.5.3　核酸提取

按照试剂盒说明书操作，具体操作如下：

a. 待检样品、阳性对照和阴性对照的份数总和用 *n* 表示，取 *n* 个灭菌的1.5 mL 离心管，逐管编号。

b. 每管加入Buffer A 500μL。

c. 每管分别加入已处理的待检样品、阳性对照、阴性对照各200μL，充分混匀，室温放置10min。

d. 取与上述离心管等量的DNase-Free 吸附柱和收集管，编号。将离心管中的溶液转移至DNase-Free 吸附柱（为避免堵塞吸附柱，尽量不要吸进悬浮杂质）。

e. 13 000 r/min 室温离心30s。

f. 弃去收集管液体，将吸附柱放回收集管中。

g. 吸附柱内加入600μL Buffer B，13 000r/min 离心30s。

h. 弃去收集管液体，将吸附柱放回收集管中。

i. 重复步骤g和h。

j. 13 000r/min 空柱离心2min，去除残留液。

k. 将每个吸附柱分别移入新的1.5mL离心管中，向柱中央加入50μL Buffer C，室温静置1min，13 000r/min 离心30s，离心管中液体即为模板DNA。获得的DNA溶液，冰上保存备用（注意：提取的DNA须在2 h内进行PCR扩增，若需长期保存须放置于－80℃冰箱，但应避免反复冻融）。

3.3.6　使用后器材处理

剪刀、镊子等均应放入消毒缸进行消毒，放入铁饭盒内，并装入密封袋内进行高压灭菌处理。装有组织样品保存液的容器和盛有组织块的离心管应密封管口，表面消毒后放入密封袋内高压灭菌。钢珠、吸头等废弃物应用0.8%NaOH溶液浸泡30min消毒后，置密封袋内高压灭菌。消毒残液应装入密闭容器内高压灭菌处理。

3.3.7　注意事项

本方法涉及非洲猪瘟感染性样品的实验操作应按国家农业行政主管部门规定执行。

3.4　非洲猪瘟实时荧光PCR检测

3.4.1　器材和试剂

3.4.1.1　器材

实时荧光PCR仪及配套反应管（板）、可调移液器（2μL，20μL，200μL，1 000μL）、1.5mL离心管（无核酸酶）。

3.4.1.2　试剂

购买农业农村部批准的商品化的ASFV荧光PCR检测试剂盒，并选择相应检测程序和判定标准。阴、阳性对照品及无核酸酶水的制备方法见本节附录。

3.4.2　反应液配制

在反应混合物配制区进行反应液的配制。从试剂盒中取出荧光PCR反应液、Taq酶，室温融化后，2 000r/min离心5s。设所需PCR管数为n（n = 样本数+1管阴性对照+1管阳性对照），每个测试反应体系需要20 μL 荧光PCR反应液和0.5μL Taq酶。计算好各试剂的使用量，加入一适当体积小管中，充分混合均匀后，向每个PCR管中各分装20μL。转移PCR反应管至样品制备区。

3.4.3 加样

在样品制备区进行加样操作。在上述3.4.2的反应管中分别加入3.3.5中提取的DNA溶液5μL，使每管总体积达到25 μL，记录反应管对应的样品编号。盖紧管盖后，瞬时离心。这时，转移PCR反应管至检测区。

3.4.4 反应程序

在检测区进行检测反应。将3.4.3加样后的反应管放入实时荧光PCR检测仪内，记录反应管摆放顺序。选定5-羧基荧光素（FAM）作为报告基团，小沟结合物（MGB）为淬灭基团，反应参数设置如下：预变性95 ℃ /3 min；95 ℃ /15s，52 ℃ /10s，60℃ /35s，45个循环；在每次循环的60℃退火延伸时收集荧光。试验结束后，根据收集的Ct值和荧光曲线判定结果。

3.4.5 结果判定

3.4.5.1 阈值设定

实时荧光PCR检测阈值设定原则：阈值线超过阴性对照扩增曲线的最高点，且相交于阳性对照扩增曲线进入指数增长期的拐点，或根据仪器噪声情况进行调整。每个样品反应管内的荧光信号到达设定的阈值时所经历的循环数即为Ct值。

3.4.5.2 阴、阳性判定

当阳性对照Ct值≤28.0且出现典型扩增曲线，阴性对照无Ct值无扩增曲线时，实验成立，实例参考附录C。当被检样品出现典型的扩增曲线且Ct值≤38.0时，判为非洲猪瘟病毒核酸阳性；被检样品无Ct值，判为非洲猪瘟病毒核酸阴性；对于Ct值＞38.0的样品且出现典型的扩增曲线，应重检，重检仍出现上述结果的判为阳性，否则判为阴性。

3.4.6 注意事项

3.4.6.1 实验室应至少分三个区：样品处理区、反应混合物配制区和检测区。

3.4.6.2 各区物品均为专用，不得交叉使用，避免污染。检测结束后，应立即对工作台进行清洁。

3.4.6.3 Buffer A有腐蚀性，切勿沾到皮肤或衣服上，否则应立即用大量清水冲洗并擦干。

3.4.6.4 在整个检测过程中应注意避免交叉污染：提取核酸时应用灭菌的镊子夹取离心管；对离心管开盖时应避免粘在手上或溅出，否则要立即更换手套。

3.4.6.5 反应液在使用前要彻底融化，并将反应液与Taq酶瞬时离心将液体甩至管底。分装反应液时，应尽量避免产生气泡。上机前注意检查各反应管是否盖紧，以免荧光物质泄漏污染仪器。

3.4.6.6 阳性对照在吸取前应在微量旋涡振荡器上剧烈振荡1～2 s。

3.4.6.7 试剂盒中各组分应避免反复冻融。

3.4.6.8 对样品及其废弃物的操作应严格遵守生物安全规定。

3.4.6.9 本试剂盒仅供兽医及相关专业人士使用。

4 参考文献

中国兽医协会，2018. 非洲猪瘟病毒实时荧光PCR检测方法. T/CVMA5-2018.

（刘洋　毕一鸣）

附录A　试剂的配制

A.1　消毒液

0.8%氢氧化钠或0.3%福尔马林或3%邻苯基苯酚或碘化合物等其他消毒试剂均可。

A.2　磷酸盐缓冲液（PBS）的配方

A.2.1　A液

0.2 mol/L磷酸二氢钠水溶液：$NaH_2PO_4 \cdot H_2O$ 27.6g，溶于蒸馏水中，最后定容至1 000 mL。

A.2.2　B液

0.2 mol/L磷酸氢二钠水溶液：$Na_2HPO_4 \cdot 7H_2O$ 53.6g（或$Na_2HPO_4 \cdot 12H_2O$ 71.6g或$Na_2HPO_4 \cdot 2H_2O$ 35.6g），加蒸馏水溶解，最后定容至1 000mL。

A.2.3　0.01 mol/L、pH 7.2 磷酸盐缓冲液（PBS）的配制

取A液14mL、B液36mL，加NaCl 8.5g，用蒸馏水定容至1 000mL。经过滤除菌后，无菌条件下分装。

A.3　无DNA酶的灭菌去离子水

无DNA酶的灭菌去离子水是用1%DEPC处理后的去离子水，电阻应该大于18.2mΩ。

附录B　非洲猪瘟病毒核酸阳性及阴性对照

B.1　阳性对照

阳性对照制备方法：人工合成非洲猪瘟病毒VP72基因片段，序列参见附录B.3，将VP72基因连接于pMD20-T载体制成阳性质粒pMD20-T-VP72，使用非洲猪瘟病毒阴性猪的组织研磨液将质粒稀释至每微升10 000拷贝，保存于－20℃备用。

B.2　阴性对照

阴性对照为非洲猪瘟病毒阴性猪的组织研磨液。

B.3　非洲猪瘟病毒VP72基因参考序列

1　　ATGGCATCAG GAGGAGCTTT TTGTCTTATT GCTAACGATG GGAAGGCCGA CAAGATTATA

61 TTGGCCCAAG ACTTGCTGAA TAGCAGGATC TCTAACATTA AAAATGTGAA CAAAAGTTAT

121 GGGAAACCCG ATCCCGAACC CACTTTGAGT CAAATCGAAG AAACACATTT GGTGCATTTT

181 AATGCGCATT TTAAGCCTTA TGTTCCAGTA GGGTTTGAAT ACAATAAAGT ACGCCCGCAT

241 ACGGGTACCC CCACCTTGGG AAACAAGCTT ACCTTTGGTA TTCCCCAGTA CGGAGACTTT

301 TTCCATGATA TGGTGGGCCA TCATATATTG GGTGCATGTC ATTCATCCTG GCAGGATGCT

361 CCGATTCAGG GCACGTCCCA GATGGGGGCC CATGGGCAGC TTCAAACGTT TCCTCGCAAC

421 GGATATGACT GGGACAACCA AACACCCTTA GAGGGCGCCG TTTACACGCT TGTAGATCCT

481 TTTGGAAGAC CCATTGTACC CGGCACAAAG AATGCGTACC GAAACTTGGT TTACTACTGC

541 GAATACCCCG GAGAACGACT TTATGAAAAC GTAAGATTCG ATGTAAATGG AAATTCCCTA

601 GACGAATATA GTTCGGATGT CACAACGCTT GTGCGCAAAT TTTGCATCCC AGGGGATAAA

661 ATGACTGGAT ATAAGCACTT GGTTGGCCAG GAGGTATCGG TGGAGGGAAC CAGTGGCCCT

721 CTCCTATGCA ACATTCATGA TTTGCACAAG CCGCACCAAA GCAAACCTAT TCTTACCGAT

781 GAAAATGATA CGCAGCGAAC GTGTAGCCAT

ACCAACCCGA AATTTCTTTC ACAGCATTTT

841 CCCGAGAACT CTCACAATAT CCAAACAGCA GGTAAACAAG ATATTACTCC TATCACGGAC

901 GCAACGTATC TGGACATAAG ACGTAATGTT CATTACAGCT GTAATGGACC TCAAACCCCT

961 AAATACTATC AGCCCCCTCT TGCGCTCTGG ATTAAGTTGC GCTTTTGGTT TAATGAGAAC

1021 GTGAACCTTG CTATTCCCTC AGTATCCATT CCCTTCGGCG AGCGCTTTAT CACCATAAAG

1081 CTTGCATCGC AAAAGGATTT GGTGAATGAA TTTCCTGGAC TTTTTGTACG CCAGTCACGT

1141 TTTATAGCTG GACGCCCCAG TAGACGCAAT ATACGCTTTA AACCATGGTT TATCCCAGGA

1201 GTCATTAATG AAATCTCGCT CACGAATAAT GAACTTTACA TCAATAACCT GTTTGTAACC

1261 CCTGAAATAC ACAACCTTTT TGTAAAACGC GTTCGCTTTT CGCTGATACG TGTCCATAAA

1321 ACGCAGGTGA CCCACACCAA CAATAACCAC CACGATGAAA AACTAATGTC TGCTCTTAAA

1381 TGGCCCATTG AATATATGTT TATAGGATTA AAACCTACCT GGAACATCTC CGATCAAAAT

1441 CCTCATCAAC ACCGAGATTG GCACAAGTTC GGACATGTTG TTAACGCCAT TATGCAGCCC

1501 ACTCACCACG CAGAGATAAG CTTTCAGGAT AGAGATACAG CTCTTCCAGA CGCATGTTCA

1561 TCTATATCTG ATATTAGCCC CGTTACGTAT CCGATCACAT TACCTATTAT TAAAAACATT

1621 TCCGTAACTG CTCATGGTAT CAATCTTATC GATAAATTTC CATCAAAGTT CTGCAGCTCT

1681 TACATACCCT TCCACTACGG AGGCAATGCG ATTAAAACCC CCGATGATCC GGGTGCGATG

1741 ATGATTACCT TTGCTTTGAA GCCACGGGAG GAATACCAAC CCAGTGGTCA TATTAACGTA

1801 TCCAGAGCAA GAGAATTTTA TATTAGTTGG GACACGGATT ACGTGGGGTC TATCACTACG

1861 GCTGATCTTG TGGTATCGGC ATCTGCT

附录C 非洲猪瘟病毒实时荧光PCR扩增实例参考

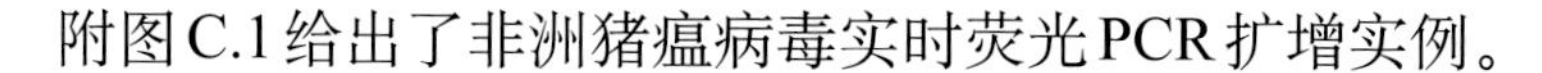

附图C.1给出了非洲猪瘟病毒实时荧光PCR扩增实例。

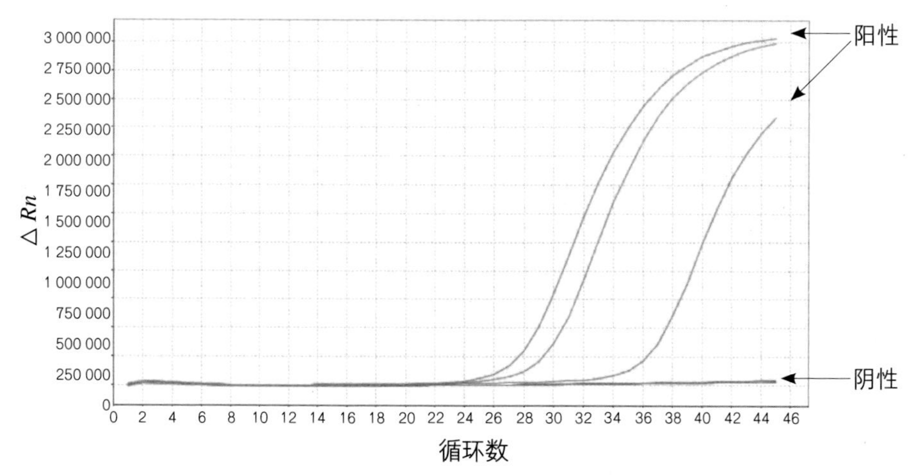

附图C.1 非洲猪瘟病毒核酸实时荧光PCR典型扩增曲线

第三节 非洲猪瘟核酸快速实时荧光PCR检测技术

摘要：本方法所用试剂包括针对非洲猪瘟病毒VP72 基因设计合成的一对特异性引物、一条特异性荧光标记探针，以及dNTP Mixture、10×PCR 缓冲液和Taq DNA 聚合酶组成的荧光PCR全预混反应液，样品裂解稀释液，以及携带非洲猪瘟病毒VP72 基因的质粒pMD20-T-VP72为阳性对照，以DEPC处理水为阴性对照等，用于猪全血、猪肉、淋巴结、脾脏等样本中的非洲猪瘟病毒核酸检测。本荧光PCR方法为核酸免提取检测技术，同时，通过缩短反应时间提升了检测效率，全部用时约40min，适合于屠宰场、流通环节和养殖场等需要快速检测非洲猪瘟的条件下使用。

1 目的

用于非洲猪瘟病毒核酸的快速检测。

2 适用范围

用于猪全血、血清、淋巴结、脾脏、肌肉以及病毒培养液等样本中的非洲猪瘟病毒核酸快速检测。

3 样品处理及模板制备

3.1 样品类型

猪全血、血清、淋巴结、脾脏、肌肉等样本。

3.2 样品处理程序

3.2.1 组织样品（淋巴结、脾脏、扁桃体等）

每份组织随机分别从三个不同的位置称取少量样品（约1g），用手术剪剪碎混匀后取0.05g于研磨器中研磨，加入1.5mL生理盐水后继续研磨，待匀浆后转入1.5mL无菌离心管中，8 000r/min离心2min，取上清200μL转移至1.5mL无菌离心管中待检。

3.2.2 全血、血清或液体样本

使用无菌注射器或采血管抽取血液置于无菌离心管中，3 000 ~ 5 000r/min离心5min，取上清200μL转移至1.5mL无菌离心管中待检。

3.3 模板制备

3.3.1 为避免样本交叉污染及环境污染，进行下述操作时，操作者必须戴口罩和一次性手套。

3.3.2 根据待检样品、阴性对照、阳性对照的检测数量，

准备灭菌的1.5mL离心管，用n表示，并逐管编号。

3.3.3　每管加入样品稀释液90 μL。

3.3.4　每管分别加入已处理的待检样品、阳性对照、阴性对照各10 μL，充分混匀，室温放置2 min。

3.3.5　3 000 ～ 5 000r/min离心1min，取上清20 μL即为待检DNA模板。提取好的DNA模板如不能立即检测，建议－70℃以下保存。

3.4　病毒灭活和环境消毒

3.4.1　病毒灭活

病毒的灭活处理应在二级生物安全柜中进行，将处理好的全血或者研磨破碎后的组织样品连同EP管放入60℃水浴中，放置30min灭活。

使用后器材处理，剪刀、镊子等均应放入消毒缸进行消毒，放入铁饭盒内，并装入密封袋内进行高压灭菌处理。装有组织样品保存液的容器和盛有组织块的离心管应密封管口，表面消毒后放入密封袋内高压灭菌。钢珠、吸头等废弃物应用0.8%NaOH溶液浸泡30min消毒后，置密封袋内高压灭菌。消毒残液应装入密闭容器内高压灭菌处理。

3.4.2　环境消毒

操作台、移液器、离心机等仪器用品使用后采用1.0%次氯酸钠或稀盐酸擦拭消毒或浸泡。

3.5　注意事项

3.5.1　样本采集后应及时检测，也可保存于（－20±5）℃待检，长期保存应置于－70℃以下。

3.5.2　样本处理时务必注意避免交叉污染。

3.5.3　为避免DNA酶污染及保护操作者，操作者必须戴口罩和一次性手套。

4　快速实时荧光PCR检测

4.1　器材和试剂

4.1.1　器材

实时荧光PCR仪及配套反应管（板）、可调移液器（2μL、20μL、200μL、1 000μL）、1.5 mL离心管（无核酸酶）。

4.1.2　试剂

非洲猪瘟病毒荧光PCR快速检测试剂盒及配套阴、阳性对照。

4.2　试剂配制

4.2.1　反应液配制

在反应混合物配制区进行反应液的配制。

4.2.1.1　实验前20min从－20℃冰箱中取出试剂盒及相应试剂，以平衡至室温（15～25℃），并使试剂完全融化。

4.2.1.2　将荧光PCR反应液分装至PCR反应管中，每管20μL。

4.2.1.3　盖紧PCR反应管盖后将PCR反应管转移至样本准备区，剩余试剂放回－20℃冰箱冷冻保存。

4.2.2　加样

在样品制备区进行加样操作。

4.2.2.1　打开PCR反应管盖，加入已提取的样本模板5μL，阳性对照和阴性对照也各加5μL，记录加样顺序。

4.2.2.2　盖好PCR管盖，将PCR反应液与样本模板振荡混匀后2 000r/min离心10s。

4.2.2.3　将PCR反应管转移到PCR区进行上机。

4.2.3　反应程序

在检测区进行检测反应。

4.2.3.1　开机预热并检验仪器性能。

4.2.3.2　取样本制备区准备好的PCR反应管，放置在仪器样品槽相应位置，并记录放置顺序。

4.2.3.3　按表3-1设置仪器核酸扩增相关参数，进行PCR扩增。

表3-1　仪器核酸扩增相关参数

体系	反应体系设为20μL		
信号采集	非洲猪瘟病毒(ASFV)-FAM通道采集荧光信号		
PCR反应条件	阶段	条件	循环数
	预变性	95℃：3min	1
	PCR	95℃：10s	40
		60℃：20s（此阶段结束时采集荧光信号）	

注：ABI系列荧光PCR仪不选ROX校正，淬灭基团选None。

4.2.4 结果判定

4.2.4.1 结果分析条件设定

阈值设定原则：合理调整阈值线，不同仪器可根据仪器噪声情况进行调整。

4.2.4.2 试剂盒有效性判定

阴性对照：Ct值＞38或无Ct值，且无典型扩增曲线。

阳性对照：Ct值≤35，且呈典型扩增曲线。

4.2.4.3 样本结果判定

阳性：样本检测结果Ct值≤35，呈典型扩增曲线，表明样本中有该病毒核酸。

可疑：样本检测结果35＜Ct值≤38，且呈典型扩增曲线，判定为可疑。此时应对样本进行重复检测。如重复实验结果Ct值仍在35～38，且呈典型扩增曲线，则判定为阳性，否则为阴性。

阴性：样本检测结果Ct值＞38或无Ct值，表明样本中无该病毒核酸。对于某些未呈现典型扩增曲线但本底较高的样品，应为阴性。

结果分析后应保存当前的分析结果，记录好阈值和基线。

4.2.5 注意事项

4.2.5.1 所有试剂应在规定的温度储存。－20℃保存的各试剂使用前应完全融化，8 000r/min离心15s，使液体全部沉于管底，放于冰盒中，吸取液体时移液器吸头尽量在液体表面层吸取，使用后立即放回－20℃。

4.2.5.2 使用不含荧光物质的一次性手套，并经常更换以预防交叉污染。

4.2.5.3　本试剂盒内试剂组分及实验过程中的废弃物在使用过程中建议按照具有潜在传染性物质处理方法进行处理。

4.2.5.4　为防止荧光干扰，应避免用手直接接触，请勿在PCR反应管上进行标记。

4.2.5.5　产生假阴性结果的可能原因：被检样品在采集、运输、储存以及核酸提取过程中操作方式不当，容易造成DNA降解而产生假阴性结果；当样品中被检核酸浓度小于最低检测限每毫升10^3拷贝时可能发生假阴性的结果；病毒待测靶序列的变异或其他原因导致的序列改变可能会导致假阴性结果。

4.2.5.6　样品采集和制备过程中若发生交叉污染，则容易得到假阳性的结果。

（倪建强　刘洋　蒋菲　韩焘）

第四节　非洲猪瘟核酸常规PCR检测技术

1　目的

建立适合于我国使用的由可疑感染动物血液和内脏器官中直接检测ASFV DNA的PCR技术，用于ASFV核酸的检测，具有灵敏、特异的优点，同时通过将PCR扩增片段进行测序分析，可实现部分基因片段的遗传信息，满足于新发地区疫情确诊和遗传溯源分析的需要。

2　适用范围

本方法规定了非洲猪瘟（ASF）聚合酶链式反应（PCR）的技术要求。

适用于与生猪和野猪等易感动物及其产品ASF的诊断和检疫。

3　样品前处理和核酸提取

3.1　样品类型

组织，全血，污染物。

3.2　器材

研钵、离心机。

3.3　试剂

含1%牛血清的pH7.2的0.1mol/L磷酸盐缓冲液。

3.4　样品处理

3.4.1　将组织放入有灭菌沙子的研钵中研磨成糊状，加5～10mL含1%牛血清的pH7.2的0.1mol/L磷酸盐缓冲液，对研碎的组织作10倍稀释，制成组织悬液。

3.4.2　全血样品可用含1%牛血清的0.1mol/L磷酸盐缓冲液按1 ：1 000比例稀释，制成悬液。

3.4.3　如为污染物的样品，如粪便等用以上0.1mol/L磷酸盐缓冲液作10倍稀释，制成悬液。

3.5　核酸提取

3.5.1　提取试剂组成：结合液、蛋白酶K、抑制剂去除液、洗液和过滤管、收集管。

3.5.2　将蛋白酶K溶解，并在抑制剂去除液、洗液中加入乙醇。

3.5.3　在每个1.5mL无菌EP管中加入200μL样品。

3.5.4　在每管中加入200μL结合液和40μL蛋白酶K，立即混匀，并在72℃孵育10min。

3.5.5　瞬时离心后每管加入100μL异丙醇。

3.5.6　在收集管上放置超纯过滤管，并将样品用移液器加入上方空管，8 000r/min离心1min，如果在过滤管中有残留，再离心1次。

3.5.7　弃掉收集管，并将过滤管放置于新的收集管上。

3.5.8　在上方空管中加入500μL抑制剂去除液，8 000r/min离心1min。

3.5.9　弃掉收集管，并将过滤管放置于新的收集管上。

3.5.10　在上方空管中加入450μL抑制剂去除液，8 000r/min离心1min。

3.5.11　弃掉收集管，重复上述洗涤步骤1次。

3.5.12　弃掉收集管，并将过滤管放置于新的收集管上，13 000r/min离心10s，彻底去除残留洗液。

3.5.13　弃掉收集管，并将过滤管放置于新的1.5mL无菌EP管上。

3.5.14　在每管中加入50μL预热（70℃）的无菌去离子水，8 000r/min离心1min。

3.5.15　提取的DNA立即使用，或者－20℃保存。

4　PCR检测

4.1　器材

自动DNA热循环仪，电泳仪，紫外光源。

4.2　试剂

ASFV核酸标准物质，1.25mmol/L dNTP，载样缓冲液，Taq DNA聚合酶，灭菌蒸馏水，长度为1 000bp的Marker（标准DNA分子质量标记），10倍浓度的聚合酶链反应（PCR）扩增缓冲液。

4.3　引物

选用《OIE陆生动物手册》中的引物，引物1序列：5'-ATGGA-TACCG-AGGGA-ATAGC-3'(正链)；引物2序列：5'CTTAC-CGATG-AAAAT-GATAC-3'。也可购买商品化试剂盒。

4.4 扩增试剂配制

将下列试剂按要求量加入0.75mL的离心管中：灭菌蒸馏水（24.5μL）；10倍浓度的PCR扩增缓冲液（5μL）；1.25mmol/L dNTP贮存液（8μL）；引物1（1μL）；引物2（1μL）；Taq DNA聚合酶（0.5μL）。

4.5 加样

阳性对照：标准的ASFV-BA71株的10μL DNA，含量为10fg。

阴性对照：不含DNA的灭菌蒸馏水10μL。

待检样品：10μL待检样品DNA溶液。

取50μL矿物油覆盖在混合液上。

4.6 反应程序

将加有样品或对照混合物的Eppendorf管放入自动DNA热环仪中，按下述程序和条件进行DNA扩增：94℃ 5min，50℃ 2min，72℃ 3min循环一次；94℃ 1min，50℃ 2min，72℃ 3min循环30次；94℃ 1min，50℃ 2min，72℃ 10min循环一次，最后置于4℃保存。

4.7 电泳

从矿物油下小心取出每种反应混合物20μL，放入另一支干净的Eppendorf管中并加2μL载样缓冲液。将所有样品按编号加入对应2%琼脂凝胶板的各孔中，其中一孔加标准阳性DNA样品，在凝胶的边孔中加入标准分子质量DNA Marker。将凝胶在150V恒定电压下电泳30min。

4.8 结果判定

用紫外光源检查凝胶。如为阳性样品，则出现一条孤立的、与阳性对照PCR产物的同步迁移的带，长度为265bp。阴性对照和非ASF感染猪无265bp带。

4.9 注意事项

无。

5 参考文献

非洲猪瘟诊断技术 GB/T 18648—2002.

OIE Terrestrial Manual 2019，Chapter 3.8.1 African Swine Fever (Infection with African Swine Fever Virus).

（张硕　顾小雪　李硕）

第五节 非洲猪瘟病毒等温扩增荧光检测技术

[(2019)新兽药证字73号方法]

设计合成三对特异性引物，应用Bst DNA聚合酶，以携带非洲猪瘟病毒VP72基因的质粒pMD20-T-VP72为阳性对照，以DEPC处理水为阴性对照，通过等温扩增荧光检测技术研制了该检测技术，可用于血液、血细胞粉、淋巴结、脾脏、扁桃体、肌肉中的非洲猪瘟病毒核酸的检测。相比于传统的荧光PCR检测技术，等温扩增荧光检测技术具有特异性强、成本低等优点，且敏感性接近。同时，等温扩增荧光检测技术不需要带有升降温功能的扩增仪器，只需要恒温检测仪即可实现检测，更适合于条件简陋的实验室使用。

1 目的

用于临床样品中非洲猪瘟病毒核酸的检测。

2 适用范围

本手册适用于血液、血细胞粉、淋巴结、脾脏、扁桃体、猪肉等临床样品中非洲猪瘟病毒核酸检测。对于血液和容易破碎的组织样品（如脾脏）可采用免提取的方法进行检测，但对于高脂肪类样品（如肥肉），需要提取核酸后进行检测。

3 样品处理和核酸提取

3.1 样品类型

血液、血细胞粉、淋巴结、脾脏、扁桃体、猪肉及其制品。

3.2 样品处理程序

3.2.1 血液样品

用双蒸水作1 ：5稀释后备用。

3.2.2 组织样品（淋巴结、脾脏、扁桃体、肌肉等）

用无菌的剪刀和镊子剪取待检样品2.0g于研钵中充分研磨，再加10.0mL PBS（pH7.2，含1万IU青霉素和10mg链霉素）混匀（样品不足2.0g按1 ：5比例加PBS），3 000 r/min，4 ℃离心5min，取上清液，编号备用；血细胞粉处理同上，但无研磨步骤。

3.3 模板制备程序

按试剂盒说明书进行操作：如采取核酸免提取方法，加入样品裂解稀释液处理后用作扩增模板；如采取核酸提取方法制备模板，可选择柱式、自动提取仪等各种等效的核酸提取试剂。

3.4　试剂组分

依据试剂盒说明书，准备试剂。等温扩增荧光检测试剂盒通常包含免提取缓冲液、反应液、对照样品等。

3.5　病毒灭活和环境消毒

3.5.1　病毒的灭活

应在二级生物安全柜中进行，将处理好的血清、全血或者研磨破碎后的组织样品连同EP管放入60℃水浴中，放置30min灭活。

3.5.2　使用后器材处理

将剪刀、镊子等放入消毒缸进行消毒，放入铝盒内，并装入密封袋内进行高压灭菌处理；装有组织样品保存液的容器和盛有组织块的离心管应密封管口，表面消毒后放入密封袋内高压灭菌；钢珠、吸头等废弃物应用0.8%NaOH浸泡30min消毒后，置密封袋内高压灭菌；消毒残液应装入密闭容器内高压灭菌处理。

3.5.3　环境消毒

操作台、移液器、离心机等使用后采用1.0%次氯酸钠或稀盐酸擦拭消毒或浸泡。

3.6　注意事项

本方法涉及非洲猪瘟感染性样品的实验操作应遵循实验室生

物安全通用要求（GB 19489—2008）。

4　等温扩增反应

4.1　器材和试剂

荧光PCR仪（或带有荧光信号收集的等温扩增仪）、荧光等温扩增免提取反应液、Bst DNA聚合酶、阴性对照、阳性对照、矿物油。

4.2　试剂配制

4.2.1　反应预混液的配制

按照表3-2配制反应预混液（配制和分装反应预混液时应在冰盒上进行）。按照n+2管配制（n = 样品数）。

表3-2　反应预混液的配制

成分	1头份样品的量（μL）	（n+2）头份样品的量（μL）
荧光等温扩增免提取反应液	22	22×（n+2）
Bst DNA聚合酶	1.0	1.0 ×（n+2）
总量	23	23×（n+2）

4.2.2　反应预混液分装

取（n+2）个0.2mL PCR管，将配制的反应预混液涡旋混匀，瞬时离心后，按每管23μL分装于PCR管内。

4.2.3　每管加入20μL矿物油

4.3　加样

向对应的PCR管底部加入上述处理的样品2.0μL。同时，向阳性对照管内加入2.0μL阳性对照，向阴性对照管内加入2.0μL DEPC水。盖紧管盖，瞬时离心，转移至检测区。

4.4　反应程序

将离心后的PCR管放入检测仪内（专用配套仪器或普通的荧光PCR仪均可），设定好被检样品（S）、阳性对照（PC）、阴性对照（NC）的位置。反应参数设置：采用64℃ 60min，每1min采集一次FAM通道荧光信号，共采集60次。

4.5　结果判定

4.5.1　结果分析条件的设定

根据仪器噪声情况进行调整，以阈值线刚好超过阴性对照品扩增曲线的最高点为准。

4.5.2　质控标准

阴性对照无Tt值（time threshold）并且无扩增曲线（即S形扩增曲线）；阳性对照的Tt值应小于或等于45，并出现典型的扩增曲线；如阴性和阳性对照不满足以上条件，此次实验视为无效。

4.5.3 结果判定

阴性样品应无Tt值，且无特征性扩增曲线；阳性样品Tt值≤45，且出现典型的扩增曲线；待检样品Tt值>45，且出现典型的扩增曲线的样品建议复验，复验仍出现上述结果的，判为阳性，否则判为阴性；待检样品出现Tt值但无特征性扩增曲线的样品，判定为阴性。

4.6 注意事项

4.6.1 实验室应至少分三个区：样品处理区、反应混合液配制区和扩增检测区。

4.6.2 各区物品均为专用，不得交叉使用，避免污染。检测结束后，应立即对工作台进行清洁。

4.6.3 整个检测过程中应注意避免交叉污染，提取核酸时应用灭菌的镊子夹取离心管；对离心管开盖时应避免粘在手上或溅出，否则要立即更换手套。

4.6.4 所有反应液在使用前要彻底融化，并将反应液和Bst酶等瞬时离心将液体甩至管底。分装反应液时，应尽量避免产生气泡。上机前注意检查各反应管是否盖紧，以免荧光物质泄露污染仪器。

4.6.5 阳性对照在吸取前应在微量旋涡振荡器上剧烈振荡1～2 s。

4.6.6 所有用于扩增的各组分应避免反复冻融。

4.6.7 对样品及其废弃物的操作应严格遵守生物安全规定。

5　参考文献

中国兽医协会，2018. 非洲猪瘟病毒实时荧光PCR检测方法. T/CVMA5-2018.

（刘玉良　赵柏林　李婷）

第六节　非洲猪瘟病毒核酸检测质量控制程序

1　目的

为了确保核酸检测技术在非洲猪瘟病毒检测中的检测质量，确保检测结果的有效性。

2　适用范围

适用于使用普通PCR、荧光PCR、等温扩增等核酸检测方法对非洲猪瘟病毒进行检测的质量控制。

3　标准物质

有证标准物质指附有由权威机构发布的文件，提供使用有效程序获得的具有不确定度和溯源性的一个或多个特性值的标准物质。

3.1 标准物质选择

非洲猪瘟核酸标准物质的原料应选择具有代表性的非洲猪瘟灭活病毒，或含有特定基因如*B646L*全长基因的质粒。制备标准物质不含有干扰性杂质，应有足够的稳定性和高度的特异性。特性值范围应适合该标准物质的用途。

3.2 标准物质的应用

3.2.1 校准

标准物质可用于定量仪器设备及试剂的校准。在化学分析领域标准物质用于校准仪器得到广泛应用，但是在兽医检测领域，由于使用的方法大部分都是定性检测方法，所以该方面应用较少。

3.2.2 建立计量溯源性

由于目前兽医检测实验室主要使用荧光PCR等方法进行日常检测，而这些方法无法溯源至国际单位SI。因此可在检测中通过具有特性量值和溯源性的标准物质来保证检测结果的溯源性。

3.2.3 材料赋值

标准物质可用于材料的赋值，包括标定实验室内部质控品等。

3.2.4 质量控制

标准物质可用于实验室内部的日常质控，如测量精密度检查和绘制质量控制图。还可用于实验室室间的比对与能力验证。标准物质也用于诊断试剂的生产企业的试剂生产质量控制。

3.2.5 测量方法/程序确认

标准物质可用于兽医检测实验室测量方法/程序确认。测量方法/程序确认的要素包括：选择性、线性、精密度、正确性、检出限、定量限、稳健性等。

4 核酸检测质量控制程序

4.1 核酸检测实验室的规范化设置及其管理

核酸检测实验室四个隔开的工作区域中每一区域都须有专用的仪器设备。各区域都必须有明确的标记，以避免设备物品如加样器或试剂等从其各自的区域内移出从而造成不同的工作区域间设备物品发生混淆。进入各个工作区域必须严格遵循单一方向顺序，即只能从试剂贮存和准备区、标本制备区、扩增反应混合物配制和扩增区(简称扩增区)至产物分析区，避免发生交叉污染。在不同的工作区域应使用不同颜色或有明显区别标志的工作服，以便于鉴别。此外，当工作者离开工作区时，不得将各区特定的工作服带出。清洁方法不当也是污染发生的一个主要原因，因此实验室的清洁应按试剂贮存和准备区至扩增产物分析区的方向进行。不同的实验区域应有其各自的清洁用具以防止交叉污染。

4.2 标本的采集

可采集发病动物或同群动物的血清学样品和病原学样品，病原学样品主要包括抗凝血、脾脏、扁桃体、淋巴结、肾脏和骨髓等。如环境中存在钝缘软蜱，也应一并采集。

样品的包装和运输应符合农业农村部《高致病性动物病原微生物菌（毒）种或者样本运输包装规范》规定。规范填写采样登记表，采集的样品应在冷藏和密封状态下运输到相关实验室。

4.2.1 血清样品

无菌采集5mL血液样品，室温放置12 ~ 24h，收集血清，冷藏运输。到达检测实验室后，冷冻保存。

4.2.2 其他样品

抗凝血样品：无菌采集5mL EDTA抗凝血，冷藏运输。到达检测实验室后，－70℃冷冻保存。

组织样品：首选脾脏，其次为扁桃体、淋巴结、肾脏、骨髓等，冷藏运输。样品到达检测实验室后，－70℃保存。

钝缘软蜱样品：将收集的钝缘软蜱放入有螺旋盖的样品瓶/管中，放入少量土壤，盖内衬以纱布，常温保存运输。到达检测实验室后，－70℃冷冻保存或置于液氮中；如仅对样品进行形态学观察时，可以放入100%酒精中保存。

4.3 检验方法的性能验证

实验室首选的检验程序应当是国标、行标或OIE等标准中规定的程序，或获得农业农村部批准使用的试剂盒。并在应用前对该程序进行独立验证，通过获取客观证据证实检验程序的性能与其声明相符（性能包括检测准确度、分析敏感度、分析特异性等）。

4.4　核酸提取

标本处理即核酸提取纯化是决定扩增检测成败的关键性步骤，在使用商品核酸提取试剂提取临床标本中的核酸模板前，应对其进行充分评价以验证其提取的有效性。通常，核酸制备质量不高是由于抑制物去除不完全所致，抑制物可能来源于标本本身(如血红素及其前体或降解产物)或核酸提取过程中残留的有机溶剂(如酚、氯仿等)，这些物质对其后的Taq酶扩增反应步骤具有强烈的抑制作用，从而影响靶核酸的扩增测定。

提取的 DNA 应采用紫外可见分光光度计进行纯度和浓度的质控。质量好的DNA提取物，A_{260}/A_{280}比值应该在1.75 ~ 2.0。

4.5　核酸的扩增

有多种因素可引起核酸扩增检测的假阳性或假阴性结果，如扩增靶核酸中抑制剂存在、Taq酶失活、退火温度不对、Mg^{2+}浓度不佳、标本或试剂受污染等。扩增仪孔中热传导的均一性极为重要，必须定期对扩增仪的温度控制和加热模块中热传导的一致性进行检查，以避免假阴性结果。

4.6 对照实验

检测每个批次各过程均应插入阴、阳性对照品和空白对照品，与临床样品同步检测。

阳性对照，可使用非洲猪瘟病毒的保守基因如*B646L*基因作为阳性质控。阳性对照成立证明扩增反应是成功的。

内部阳性对照，可以使用猪的看家基因作为内标质控。也可在标本制备时将外来内标加入样本中共同提取及扩增。当标本中存在DNA酶抑制物，或核酸提取中发生DNA降解，或DNA酶失活，内部阳性对照即会表现为阴性结果。内部阳性对照可以监控每一扩增孔中假阴性的产生情况。

每一个PCR实验中都必须设有外加阴性对照(污染监测质控)，为判断扩增过程中污染出现的阶段，阴性质控可包括如下几种，即在样品制备的整个过程中所带的空白管、仅有扩增反应液但不含扩增模板的反应管、阴性标本等。阴性标本可以评估PCR实验的综合质量。

若阴性对照检测出目的产物峰，提示标本被污染或混淆，则该批次标本结果不可信，需安排该批标本重新实验。若阳性对照检出阴性，提示扩增系统出现问题，需检测扩增试剂和设备是否异常，并安排该批次标本重新实验。及时对失控情况进行原因分析，以保证实验室检验结果的准确和可靠。

4.7　污染

在实际工作中，常见有以下几种污染类型：扩增片段的污染（产物污染）；天然基因组DNA的污染、试剂污染（贮存液或工作液）以及标本间交叉污染（如气溶胶从一个阳性标本扩散到原本阴性的标本）实验室中污染的最主要来源是扩增产物的污染。

由于一旦发生污染后，再围绕实验室来寻找污染源不仅耗时而且还很烦琐，所以防止污染重在预防。但如果发生了污染，实验就必须停止，直到发现了污染源为止，并且实验结果必须作废。并使用DNA去除剂擦拭等污染去除措施。

4.8　结果质控

实验室应当按照检测方法相关说明书要求建立有关结果质量参考标准。检测质量合格的标本应当严格按照产品说明书进行实验室结果判读。检测质量不合格的标本应当重新提取核酸再次检测，再次检测后仍不符合数据分析或结果判断质量要求的标本，实验室应当与客户充分沟通后确定后续处理。

4.9　室间质量评价

实验室应参加适于核酸检测项目的室间质量评价计划，若无室间质量评价计划可利用时，应参加国际相关质量评价计划或联合多家实验室开展室间评价。当室间评价不符合预定的评价标准时，应实施并记录纠正措施，同时监控纠正措施的有效性。

4.10　标准物质的使用

目前，中国动物疫病预防控制中心，国家/OIE猪繁殖与呼吸综合征参考实验室已经成功研制了非洲猪瘟病毒*B646L*基因质粒标准物质，2019年9月17日通过国家二级标准物质评审，获得标准物质编号GBW(E) 091034。该标准物质适用于实验室内部的日常检测的质量控制，如提取质控、扩增质控和绘制质量控制图。还可用于检测方法的性能研制及室间质量评价。

5　参考文献

原霖,韩焘,翟新验，2014.核酸标准物质研究现状.中国畜牧兽医,41(11):89-92.

（原霖　董浩）

第一节 非洲猪瘟双抗体夹心ELISA抗原检测技术

1 目的

基于抗原抗体免疫反应，使用针对非洲猪瘟病毒（African swine fever virus，ASFV）结构蛋白抗体（目前主要选用针对病毒主要囊膜蛋白VP72的抗体），通过双抗体夹心ELISA方法检测样品中的非洲猪瘟病毒抗原。微孔板上包被ASFV结构蛋白特异性抗体。加入待测样品孵育，若样品中含有ASFV抗原，则抗原会被包被的抗体所捕获。洗涤后，加入过氧化物酶标记的ASFV特异性抗体，其抗原表位与包被抗体所结合的抗原表位不同。若有抗原被捕获到微孔板上，结合物将会与抗原结合，加入底物与过氧化物酶反应，通过显色反应，在特定波长下读取结果，进行判定。夹心ELISA方法是检测ASFV抗原的高敏感性、快速、廉价的检测方法，可广泛用于ASF的流行病学调查、追踪和根除计划中的血清学检测。相比于核酸检测技术，夹心ELISA灵敏度显著降低，且耗时长，存在假阳性，目前主要用于非洲猪瘟的群体检测，是其他病原学或者血清学检测技术的辅助检测技术。

2 适用范围

全血、脾脏或淋巴结等含较高浓度病毒的样品中ASFV抗原的检测。可适用于使用EDTA、肝素等抗凝剂抗凝的全血，考虑若ELISA阳性样品可能进行PCR复核，为了避免肝素对PCR结果的影响，建议优先使用EDTA抗凝的全血样品。对于急性病例，非洲猪瘟抗原ELISA可在感染后3d检测到病原，并持续到感染猪死亡（6 ~ 9d），对于亚急性或慢性病例，检测的持续时间更长（6个月），但敏感性显著降低。同时，非洲猪瘟抗原ELISA的敏感性也与样品质量有着直接关联，对于腐败样品，敏感性较低。

以下检测技术相关内容主要基于西班牙Ingenasa公司的INGEZIM PPA DAS商品化试剂盒。

3 器材

移液器（5 ~ 200μL）、酶标仪、自动洗板机、组织研磨仪（用于组织样品）、离心机。

4　样品类型

全血、脾脏或淋巴结。

全血样品：使用前样品需经冻融以避免假阳性结果。样品 2 倍稀释（例如：50μL 样品+50μL 稀释液），100μL/孔。

脾或淋巴结：需将样品用稀释液进行 1/10 稀释（质量/体积，例如，1g 样品加 10mL 稀释液），用组织研磨仪或其他工具将组织研磨完全，且混合均匀，离心后取上清进行检测。组织样品如未经稀释直接检测，易出现假阳性反应（样品中存在非特异性酶活性），其稀释倍数与反应结果直接相关，检测过程中可针对不同试剂盒选取最佳的稀释倍数。

样品短期保存于－20℃，长期保存应置于－80℃，反复冻融（从－80℃到室温）不影响检测结果的准确，且冻融 2～5 次可有效提高检测的特异性。

5　试剂

抗原包被板（包被抗体为 ASFV P72 或 P73 的抗体），阳性对照血清，阴性对照血清，酶标抗体为过氧化物酶标记的针对 P72 或 P73 蛋白的抗体，稀释液，浓缩洗液，底物，终止液。也可以直接使用 ASFV 抗原检测商品化试剂盒。

6 操作方法

6.1 所有试剂使用前恢复至室温（酶标结合物外）

6.2 加样

在抗原包被板中加入2孔阳性对照（如A1和B1），2孔阴性对照（如A2和B2），每孔100μL。剩余孔中，每孔加入100μL样品，建议复孔检测。用封板膜封板，37℃孵育1h。

6.3 洗涤

将孔内的液体小心、迅速倾入一个含0.1mol/L NaOH的容器中，避免孔板间交叉污染，用自动洗板机或多通道移液器每孔加入300μL洗液，洗涤4次，最后一次洗涤后，将微孔板倒置于干净吸水纸上轻轻拍干。

6.4 加入酶标二抗

每孔加入100μL特异性的酶标结合物，封板，室温（25℃）孵育1h。

6.5　洗涤

每孔加入300μL洗液，洗涤4次。

6.6　显色

每孔加入100μL底物溶液，室温孵育15min。

6.7　终止

每孔加入100μL终止液。

6.8　读数

在405nm波长下读取OD值。

6.9　结果判定

依据试剂盒说明书进行。

INGEZIM PPA DAS试剂盒的判定标准如下：

结果有效性：当阳性对照OD值平均值＞1.0，阴性对照OD值平均值＜0.150时，实验结果有效。

结果判定：若为2孔检测，样品的OD值取其算术平均值。样品OD值＞0.25，样品为ASFV抗原阳性。样品OD值＜0.20，样品为ASFV抗原阴性。0.20＜样品OD值＜0.25，样品为ASFV抗原可疑。建议重新检测或用其他检测方法检测该样品。

6.10 试剂、耗材和环境消毒

所有接触样品的试剂、耗材、废液均需要进行无害化处理，在0.1mol/L NaOH中浸泡过夜后高压处理。

6.11 注意事项

6.11.1 如使用商品化试剂盒，需严格按照说明书操作，不可使用过期试剂或混用不同批次试剂。

6.11.2 适用于各种抗凝剂抗凝的全血样品，考虑若ELISA阳性样品可能进行PCR复核，为了避免肝素对PCR结果的影响，建议使用加入EDTA抗凝的全血样品。

6.11.3 所有试剂保存在2～8℃。试验前所有试剂必须恢复至室温（20～25℃），浓缩液可能出现沉淀，可37℃水浴直至沉淀消失。

6.11.4 操作时的室温应严格限制在规定的范围内，标准室温是20～25℃。

6.11.5 使用去离子水或蒸馏水配制试剂。

6.11.6 孵育操作时需根据说明书的要求控制孵育条件。应注意孵育的温度和时间应力求准确。若用保温箱，ELISA板放在湿盒内或覆盖封板膜，避免水分蒸发。

6.11.7 自动洗板机和手洗洗涤时，第一次洗涤弃去的样品都需要进行无害化处理，洗涤过程中防止孔板干燥。

6.11.8　显色反应应避光进行，严格控制显色时间，显色结束立即用终止液终止反应。

6.11.9　读数前应拭干板底附着的液体和污物，酶标仪使用前先预热仪器15 ~ 30min，使测读结果更稳定。

6.11.10　人员需要佩戴手套、口罩进行操作。

7　参考文献

王功民，田克恭，2010．非洲猪瘟．北京：中国农业出版社．

（刘颖昳　王睿男）

第二节　非洲猪瘟试纸条抗原检测技术

本方法使用的检测试剂盒由非洲猪瘟病毒抗原检测试纸条、一次性塑料吸管和样本稀释液组成。试纸条由PVC底板、样品垫、乳胶微球垫、硝酸纤维素膜和吸水纸组成。乳胶微球垫为乳胶微球标记的非洲猪瘟病毒P72蛋白单抗7A7铺于玻璃纤维上，检测线为非洲猪瘟病毒P72蛋白单抗3E1喷涂在硝酸纤维素膜上，质控线为羊抗鼠IgG喷涂在硝酸纤维素膜上。本试纸条适用于全血、脾脏和淋巴结中的非洲猪瘟病毒抗原的检测，具有方便操作、无需特殊仪器设备、裸眼实现结果判定、操作时间短等优点，适合于现场诊断。试纸条检测灵敏性较荧光PCR显著降低，但与抗原检测ELISA敏感性相近，此外，试纸条抗原检测技术特异性强，可接近100%，很少出现假阳性。

1 目的

用于非洲猪瘟病毒抗原检测。

2 适用范围

本方法适用于猪脾脏、淋巴结、血液中非洲猪瘟病毒抗原检测，只作为现地临床诊断的辅助方法，不用于疫病确诊，不可替代实验室检测。

3 试剂和样品的准备

3.1 全血的处理

采用未经处理的新鲜全血或加抗凝剂（肝素或者EDTA等）处理的全血作为检测样本，但应保持血样新鲜，或者在2 ~ 8℃条件下保存且在4d之内完成检测。此外，如果血样含有血凝块，会阻滞液体的流动，产生非特异性反应，应离心去除。

3.2 组织脏器样品处理

分别从脾脏、淋巴结组织的三个不同位置取样，称取样品约

1g，用手术剪剪碎混匀，再取0.1g于研磨器中研磨，加入1.5mL生理盐水继续研磨，待匀浆后转至1.5mL灭菌离心管中，8 000r/min离心2min，取上清液100μL于1.5 mL灭菌离心管中，编号备用。

3.3　病毒的灭活

病毒的灭活处理应在二级生物安全柜中进行，将处理好的血清、全血或者研磨破碎后的组织样品连同EP管放入60℃水浴中，放置30min灭活。

3.4　试纸条的准备

试纸条应存放在干燥的条件下，并在室温条件（15 ~ 37℃）进行检测。

4　操作方法

撕开试纸条铝箔袋包装，取出试纸条，放于平整、洁净的试验台面上。

4.1　用一次性塑料吸管吸取样本，滴加1滴（约30μL）至加样孔，随后垂直缓慢滴入3滴样本稀释液［约150μL，含有Tris-HCl（pH 7.5）、NaCl、酪蛋白、Tween-20和叠氮化钠］。

4.2　样本稀释液滴加操作完成后，等待10 ~ 20min判定结果，20min后的结果无效。

5 结果判定

如样品中含有非洲猪瘟病毒VP72抗原，则该抗原被单克隆抗体偶联的微球捕获，形成乳胶-抗体-抗原免疫复合物，进而与反应膜上的单克隆抗体反应，在检测线位置出现浅红色反应沉淀线，同时质控线（C）位置出现深红色对照线。如为阴性样品，仅C线位置出现反应沉淀线。具体结果如图4-1至图4-4所示。

阳性：质控线（C）和检测线（T）均显色（图4-1）。

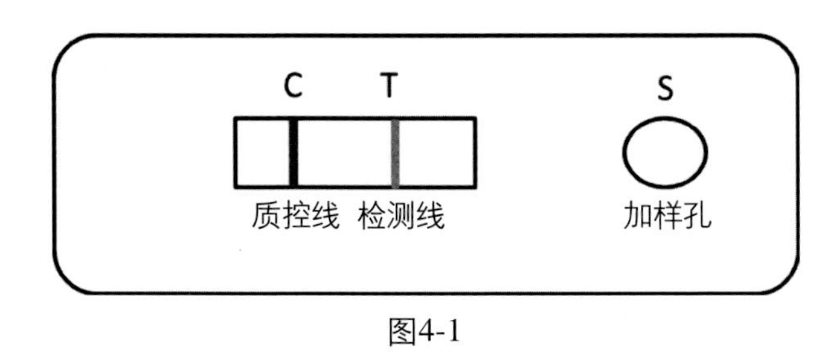

图4-1

阴性：仅有质控线（C）显色，而检测线（T）未显色（图4-2）。

图4-2

无效：质控线（C）和检测线（T）均未显色（图4-3），或仅检测线（T）显色而质控线（C）未显色（图4-4）。

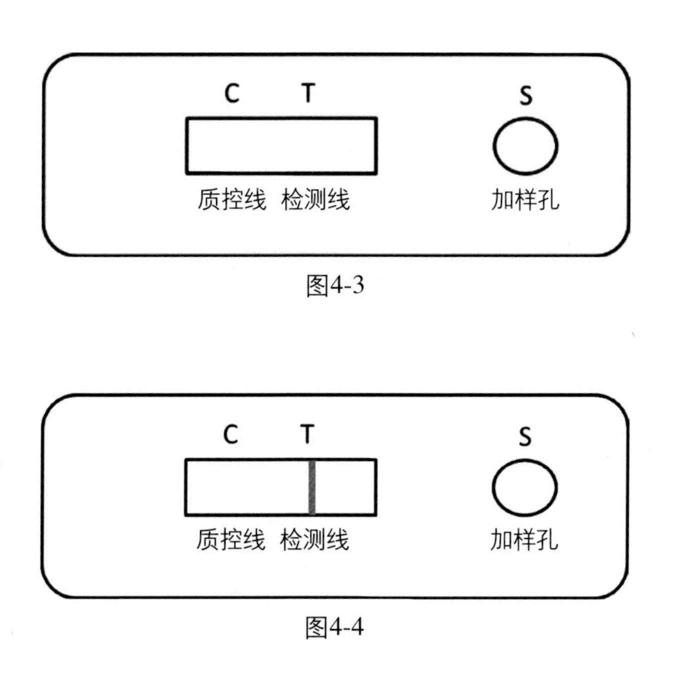

图4-3

图4-4

6　试剂、耗材和环境消毒

6.1　使用后器材处理

剪刀、镊子等均应放入消毒缸进行消毒，放入铝盒内，并装入密封袋内进行高压灭菌处理。装有组织样品保存液的容器和盛有组织块的离心管应密封管口，表面消毒后放入密封袋内高压灭菌。钢珠、吸头等废弃物应用0.8%NaOH浸泡30min消毒后，置密封袋内高压灭菌。消毒残液应装入密闭容器内高压灭菌处理。

6.2 环境消毒

操作台、移液器、离心机等仪器用品使用后采用1.0%次氯酸钠或稀盐酸擦拭消毒或浸泡。

7 注意事项

7.1 本品为一次性体外诊断试剂，产品须包装完好且在有效期内使用。

7.2 实验前检查铝箔袋是否破损，如破损则不能使用，以免影响检测结果。

7.3 使用新鲜样本及配套样本稀释液，样本应避免过度溶血，否则可能会对结果造成一定干扰。

7.4 本试剂盒所用试剂均无潜在生物安全危险，但使用后的试纸条及样本应妥善处理。

7.5 本产品仅用于兽医的诊断参考，最终确诊需结合临床。

8 参考文献

Sastre，et al，2016. Development of a novel lateral flow assay for detection of African swine fever in blood. BMC Veterinary Research，12:206.

World Organization for Animal Health (OIE)，2012. African swine fever. In: Manual of Diagnostic Tests and Vaccines for

Terrestrial Animals，2:2.8.1.

（倪建强　刘洋　徐琦）

第三节　非洲猪瘟间接ELISA抗体检测技术

非洲猪瘟缺乏有效的疫苗，一旦检测为抗体阳性，即表明采样猪正在或者已经感染非洲猪瘟病毒，是病毒感染的直接证据。此外，ASFV 抗体在感染7 ～ 9d后可出现，并持续数年。然而，在特急性和急性感染中，猪通常在抗体转为阳性前已死亡。因此，在疫病暴发的早期阶段，建议采集样品检测病毒DNA。

对于ASF 抗体检测，推荐使用ELISA 筛查抗体阳性样品，但OIE并不将其作为确诊检测技术，需要采取免疫印迹试验（IB）或间接荧光抗体（IFA）试验进行确认。间接ELISA因其简便、低成本和无需特殊的仪器设备，而成为OIE指定的国际贸易中推荐使用的方法，也是非洲猪瘟净化和根除中最常用的检测技术。

1　目的

使用ASFV优势诊断抗原包被酶标板，采用间接ELISA检测方法，可用于待检血清中ASFV抗体的检测。

2 适用范围

优势诊断抗原间接ELISA抗体检测方法为ASF国际贸易指定试验，也是OIE推荐的抗体检测方法，用于检测较低或中等毒力的ASFV感染猪体内抗体的阳转。但因血清处理或保存不当（储存或运输不当），如溶血样品可能会产生高达20%的假阳性结果。因此，通过 ELISA 检测的所有阳性和可疑样品必须通过其他血清学替代试验确认。

3 器材和试剂

3.1 试剂

3.1.1 底物溶液

邻苯二胺（OPD）底物：用pH5.0的磷酸盐/柠檬酸缓冲液配制0.04% OPD，使用时按照10μL/25mL的比例加入过氧化氢（H_2O_2）。

DMBA/MBTH底物（DMAB-3即二甲基氨苯甲酸，MBTH即3-甲基-2-苯并噻唑腙）：每板需要量为10mL 80.6mmol/L DMBA溶液、10mL 1.56mmol/L MBTH溶液和5μL 30% H_2O_2。

80.6mmol/L DMBA溶液：1 000mL 0.1mol/L pH7磷酸盐缓冲液（5.3g KH_2PO_4，8.65g Na_2HPO_4溶于1 000mL去离子水中）中溶解13.315g DMAB，室温中振荡1h，用NaOH（5mol/L）调整pH至7，过滤。

1.56mmol/L MBTH溶液：1 000mL 0.1mol/L pH7磷酸盐缓冲液（5.3 g KH_2PO_4，8.65 g Na_2HPO_4溶于1 000mL去离子水中）中溶解0.364 6g MBTH，室温中振荡1h，用浓盐酸调整pH到6.25。用漏斗进行过滤。

可将底物制成储备液分装保存在－20℃。用之前按照1 ：1比例混合DMBA和MBTH溶液，然后加入30% H_2O_2。

3.1.2　包被液

0.05mol/L pH9.6的碳酸盐/碳酸氢盐缓冲液

3.1.3　洗液

pH7.2含0.05% Tween-20的PBS。

3.1.4　酶结合物

HRP-A蛋白。

3.1.5　终止液

1.25mmol/L硫酸溶液。

3.1.6　其他

Tris-HCl、P-40、EDTA、β-巯基乙醇、NaCl、蔗糖。

3.2　仪器、耗材

洗板机、酶标仪、移液器、一次性吸头。

3.3　样品

猪血清。

4 血清采集和分离方法

4.1 样本采集及处理

采集静脉血时，每头猪使用一个注射器。进行静脉无菌采血，不少于2mL。室温静置于斜面2h，待血液自然凝固后，置2 ~ 8℃冰箱中放置不少于2h，4 000 r/min离心10min。用移液器小心吸出上层血清。

4.2 血清样本的存放与运送

血清样本若在一周内检测，可置2 ~ 8℃条件下保存。若超过一周检测，应置于 - 20℃以下冷冻保存。运输时注意冷藏，确保样品有效。采集的血清样本可用冰袋或保温桶加冰密封等方式运输，运输时间应尽量缩短。按照《兽医实验室生物安全技术管理规范》进行样品的生物安全标识。

5 操作方法

5.1 抗原制备

5.1.1 用10个感染复数（Multiplicity Of Infection，MOI）适应毒感染MS细胞，并用含2%猪血清的培养基培养。

5.1.2 感染后36 ~ 48h出现广泛细胞病变的感染细胞，用

PBS洗涤，650r/min离心5min，用5mmol/L pH8.0的Tris-HCl配制的0.34mol/L蔗糖溶液洗涤细胞，再离心沉淀细胞。

5.1.3　用5mmol/L pH8.0的Tris-HCl配制的67mmol/L蔗糖溶液重新悬浮细胞（每个175cm^{2}瓶中加1.8mL细胞），放置10min（5min后振荡）。

5.1.4　加非离子洗涤剂（P-40）到最终浓度为1g/100mL，作用10min（5min后振荡）使细胞裂解。

5.1.5　加入0.4mol/L pH8.0的Tris-HCl配制的终浓度为64g/100mL的蔗糖溶液，1 000r/min离心10min沉淀细胞核。

步骤5.1.3到5.1.5在冰上操作。

5.1.6　收集上清，加入0.25mol/L pH8.0的Tris-HCl配制的EDTA（终浓度为2mmol/L）、β-巯基乙醇（终浓度为50mmol/L）和NaCl（终浓度为0.5mol/L）混合液，25℃作用15min。

5.1.7　将上述液体加在由50mmol/L pH8.0的Tris-HCl配制的20g/100mL蔗糖溶液上面，4℃ 100 000r/min离心1h。立即取蔗糖层上面的蛋白带，作为包被抗原，－20℃贮存。

5.2　操作步骤

5.2.1　包被

每孔加100μL用0.05mol/L pH9.6的碳酸盐/碳酸氢盐缓冲液稀释的推荐或预先定量浓度的抗原，包被ELISA板，4℃孵育16h（或过夜）。

5.2.2　洗板

用pH7.2含0.05% Tween-20的PBS洗5次。

5.2.3 加样

用含0.05% Tween-20的PBS溶液将待检血清和阴、阳性对照血清稀释30倍，将稀释的血清加入抗原包被板中，每孔加入100μL，每个样品做双孔，37℃作用1h。

5.2.4 洗板

然后用含0.05% Tween-20的PBS洗5次。

5.2.5 加入酶结合物

每孔加入100μL用含0.05% Tween-20的PBS配制的推荐或预先定量浓度的HRP-A蛋白溶液，37℃作用1h。

5.2.6 洗板

用含0.05% Tween-20的PBS洗5次。

5.2.7 显色

每孔加入100μL配制好的OPD底物溶液，或者200μL配制好的DMBA/MBTH底物溶液。室温下作用6 ～ 10min（阴性对照显色前），显色的时间取决于加样时底物的温度和室温。

5.2.8 终止

每孔加100μL 1.25mmol/L的硫酸溶液终止反应。

5.2.9 读板

在酶标仪上挑选适宜波长，读取OD值。

5.3 结果判定

5.3.1 OPD作底物时的结果判定：阳性血清可以用肉眼辨认，呈清亮的黄色。为确保所有血清样本的判定，必须用酶标仪测定每孔的光密度，检测波长为492nm。OPD作为底物时，血清样本的OD值超过同一块板中阴性对照血清平均OD值的两倍，就可判为阳性。

5.3.2 DMBA/MBTH作为底物时的结果判定：阳性血清呈蓝色。为确保所有的阳性血清的判定，必须用酶标仪测定每孔的光密度，检测波长为600 ～ 620nm。

通过以下公式进行计算临界值（CUT OFF值）：

CUT OFF值=阴性血清的光密度值 ×1 +阳性血清的光密度值 ×0.2

血清样本OD值大于CUT OFF值判为阳性，血清样本OD值小于CUT OFF值判为阴性。

6 试剂、耗材和环境消毒

本方法试剂组分及实验过程中的废弃物在使用过程中建议按照具有潜在传染性物质处理方法进行处理。操作台、移液器、离心机等仪器用品应经常用1.0%次氯酸钠或稀盐酸擦拭消毒或浸泡。废弃的枪头、耗材、血液等需要放入盛有84消毒液的废弃桶内消毒，实验结束后高压消毒处理。实验房间、超净工作台应定期或每次实验后用紫外灯处理。

7 注意事项

7.1 实验室管理应严格按照国家有关临床基因扩增实验室的管理规范执行。实验人员必须进行专业培训才可上岗，实验操作的每个阶段使用专用的仪器、设备及实验用品不得交叉使用。

7.2　所有试剂应在规定的温度储存。－20℃保存的各试剂使用前应完全融化，8 000r/min离心15s，使液体全部沉于管底，放于冰盒中，吸取液体时移液器吸头尽量在液体表面层吸取，使用后立即放回－20℃保存。

7.3　产生假阴性结果的可能原因：被检样品在采集、运输、储存以及核酸提取过程中操作方式不当，血清在4℃或者室温放置时间过长或者反复冻融导致抗体效价下降等。

7.4　样品采集和制备过程中若发生交叉污染，则容易得到假阳性的结果。

8　参考文献

INGEZIM PPA非洲猪瘟（ASFV）阻断ELISA抗体检测试剂盒说明书.

OIE Terrestrial Manual 2019，Chapter 3.8.1 African Swine Fever (Infection with African Swine Fever Virus).

（孙雨）

图书在版编目（CIP）数据

非洲猪瘟实验室诊断技术手册／中国动物疫病预防控制中心编．—北京：中国农业出版社，2020.6
ISBN 978-7-109-26614-8

Ⅰ.①非… Ⅱ.①中… Ⅲ.①非洲猪瘟病毒–诊断–手册 Ⅳ.①S852.65-62

中国版本图书馆CIP数据核字（2020）第032627号

中国农业出版社出版
地址：北京市朝阳区麦子店街18号楼
邮编：100125
责任编辑：姚　佳　　文字编辑：陈睿赜
版式设计：王　晨　　责任校对：赵　硕
印刷：中农印务有限公司
版次：2020年6月第1版
印次：2020年6月北京第1次印刷
发行：新华书店北京发行所
开本：700mm × 1000mm　1/16
印张：6.75
字数：87千字
定价：38.00元

FEIZHOU ZHUWEN
SHIYANSHI
ZHENDUAN JISHU SHOUCE

封面设计：杨　璞

ISBN 978-7-109-26614-8

定价：38.00元

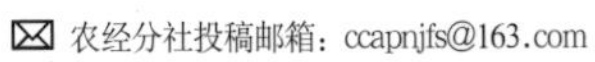

非洲猪瘟综合防控技术系列丛书

生猪屠宰企业 非洲猪瘟防控 生物安全手册

中国动物疫病预防控制中心

SHENGZHU TUZAI QIYE
FEIZHOU ZHUWEN
FANGKONG
SHENGWU ANQUAN SHOUCE

中国农业出版社